雾霾下的食疗防治手册

胡维勤 ◎主编

图书在版编目（CIP）数据

雾霾下的食疗防治手册 / 胡维勤主编 .-- 哈尔滨：黑龙江科学技术出版社，2018.1

ISBN 978-7-5388-9352-6

Ⅰ. ①雾… Ⅱ. ①胡… Ⅲ. ①空气污染－污染防治－食物疗法－手册 Ⅳ. ① X51-62 ② R247.1-62

中国版本图书馆 CIP 数据核字 (2017) 第 252771 号

雾霾下的食疗防治手册

WUMAI XIA DE SHILIAO FANGZHI SHOUCE

作　　者　胡维勤
责任编辑　徐洋
策划编辑　深圳市金版文化发展股份有限公司
封面设计　深圳市金版文化发展股份有限公司
出　　版　黑龙江科学技术出版社
　　　　　地址：哈尔滨市南岗区公安街 70-2 号　邮编：150007
　　　　　电话：（0451）53642106　传真：（0451）53642143
　　　　　网址：www.lkcbs.cn
发　　行　全国新华书店
印　　刷　深圳市雅佳图印刷有限公司
开　　本　720 mm × 1020 mm　1/16
印　　张　10
字　　数　100 千字
版　　次　2018 年 1 月第 1 版
印　　次　2018 年 1 月第 1 次印刷
书　　号　ISBN 978-7-5388-9352-6
定　　价　32.80 元

contents 目录

Chapter 4 八种益肺的良药，助力你的防霾计划…123

CHAPTER

— 1 —

说说雾霾那点事儿

天气和健康是老百姓一直关心的问题。

近几年，我国一些大中型城市的空气质量不断变差，

经常出现持续不散的雾霾天气，

引起人们对空气质量的担忧，

而PM2.5这个陌生的名词也逐渐走入了老百姓的视野。

那么，你了解雾霾和与它相关的这些名词的含义吗？

本章将介绍与雾霾相关的诸多知识。

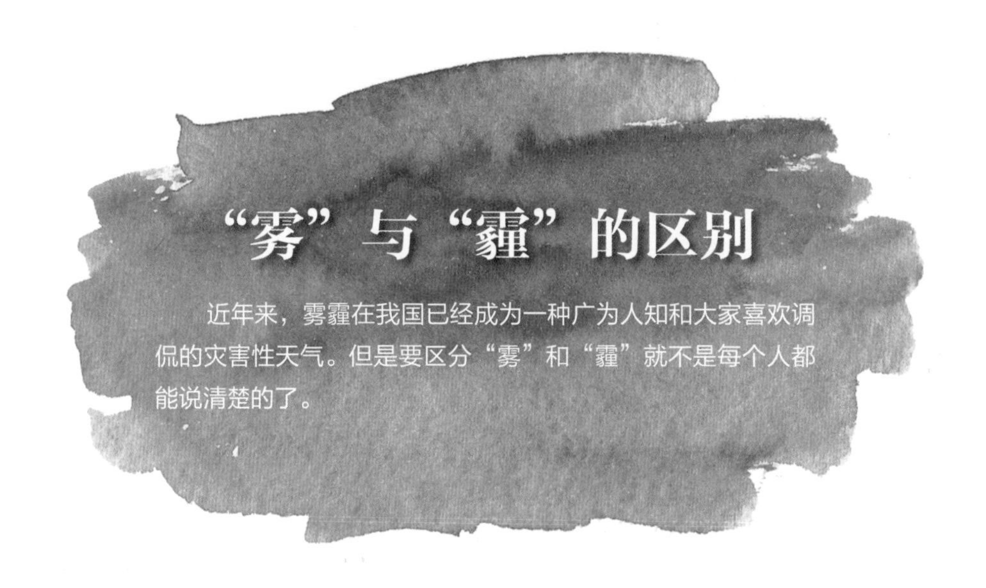

“雾”与“霾”的区别

近年来，雾霾在我国已经成为一种广为人知和大家喜欢调侃的灾害性天气。但是要区分“雾”和“霾”就不是每个人都能说清楚的了。

雾是什么

“雾”是由大量悬浮在近地面空气中的微小水滴或冰晶组成的、使能见度降低的自然现象，是近地面空气中的水汽凝结（或凝华）的产物。

当空气中的湿度较高（相对湿度高于90%）、气温稍低、风速很小时，便容易出现雾。这也是秋冬季节的清晨容易出现雾，而中午则雾容易消散的缘故。由于水滴或冰晶组成的雾对波长不存在选择性散射，因而雾看起来呈乳白色或青白色和灰色。

由于雾是由水滴或冰晶组成的，它虽然降低能见度、影响汽车行驶或飞机起降，但是一般来说对于健康人群没有安全隐患（除非空气中含有较多的大气污染物）。

但对于心血管病患者来说，则不利于病情。这是因为一方面浓雾天气压比较低，人会产生一种烦躁的感觉，血压自然会有所增高；另一方面雾天往往气温较低，一些高血压、冠心病患者从温暖的室内突然走到寒冷的室外，血管收缩，也可使血压升高，易导致脑卒中、心肌梗死的发生。

霾是什么

霾则是由于空气中悬浮着大量的微细颗粒物（俗称为“尘埃”）所导致的浑浊天气现象，也是大气遭到严重污染而出现的浑浊天气现象。霾可使水平能见度降低到10千米以下，甚至可降至为零。

霾作为一种自然现象，其形成有三方面因素：

一是水平方向静风现象的增多。随着城市建设的迅速发展，大楼越建越高，增大了地面摩擦系数，使风流经城区时明显减弱。静风现象增多，不利于大气污染物向城区外围扩展稀释，并容易在城区内积累高浓度污染。

二是垂直方向的逆温现象。逆温层好比一个锅盖覆盖在城市上空，使城市上空出现了高空比低空气温更高的逆温现象。污染物在正常气候条件下，从气温高的低空向气温低的高空扩散，逐渐循环排放到大气中。但是逆温现象下，低空的气温反而更低，导致污染物停留在低空，不能及时排放出去。

三是悬浮颗粒物的增加。近些年来随着工业的发展，机动车辆的增多，污染物排放和城市悬浮物大量增加，直接导致了能见度降低，使得整个城市看起来灰蒙蒙一片。霾的形成与污染物的排放密切相关，城市中机动车尾气及其他烟尘排放源排出粒径在微米级的细小颗粒物，停留在大气中，当逆温、静风等不利于扩散的天气出现时就形成霾。

形成霾的空气湿度并不一定很大（相对湿度低于80%），这是雾和霾形成的气象条件的最大区别。相对湿度介于80%~90%时，大气混浊、视野模糊所导致的能见度恶化是雾和霾的混合物共同造成的，但其主要成分是霾。由于霾中的微细颗粒物散射波长较长的光比较多，因而霾看起来呈黄色或橙灰色。

在有霾的天气里，由于形成霾的微细颗粒物上黏附着相当多的有毒有害化学物质，有的微细颗粒物本身就是有毒有害化学物质，因此霾对人体健康有害。

虽然“雾”和“霾”是两个不同的概念，但我国很多地区将“霾”并入“雾”，一起作为灾害性天气现象进行预警预报，统称为“雾霾天气”。

雾霾天气的形成原因

我们生活的空气中除了几乎不变的恒定成分氮气、氧气及稀有气体之外（占99.9%以上），还或多或少地含有极微量的灰尘等悬浮物杂质。

如果空气中的尘埃过多，尤其是含有有毒有害物质的尘埃过多，空气就变得浑浊，空气质量会明显恶化。这些尘埃的科学名字叫作“颗粒物”。“颗粒物”的英文缩写为PM，泛指悬浮在空气中的固体和液体的微粒，是由尘埃、烟尘、盐粒、水滴、冰晶及花粉、孢子、细菌等组成的。这些颗粒物十分微细，其粒径范围从几纳米到100微米。人类的头发丝直径仅有50~70微米，也就是说空气中的最大的颗粒物也比头发粗不了多少。

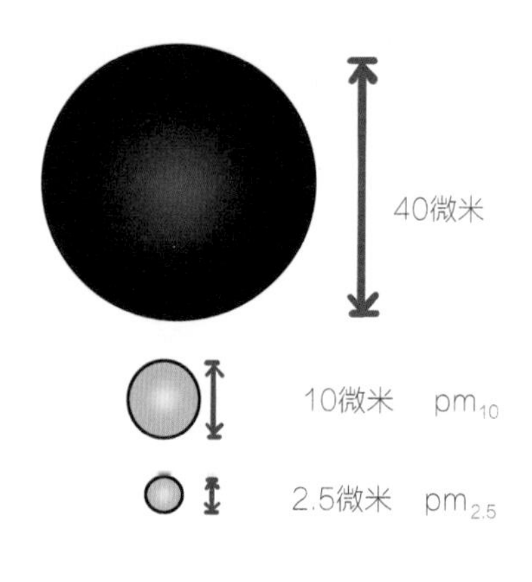

在这些大气颗粒物中，对空气混浊度和人类健康影响和危害最大的是粒径小于（或等于）10微米和2.5微米的两类，分别叫作PM10和PM2.5。

PM10能在大气中长期漂浮，所以容易把污染物带到很远的地方，导致污染范围扩大。PM2.5也称为“细颗粒物”或“可入肺颗粒物”，仅相当于头发丝直径的二十分之一左右。因其能在大气中长期漂浮，极容易吸附带有大量的有毒有害物质，比PM10漂浮和输送的距离更远，所以对人类健康和大气环境质量影响和危害更大。大量科学研究表明，PM2.5是形成“霾危害”的元凶。

大气中PM2.5的浓度受气象条件与地理环境的影响，存在着明显的季节变化和地域差异特征。一般来说，我国北方地区的PM2.5浓度通常高于南方地区，在远离人为活动的森林和沿海地区则相对较低。在我国各地PM2.5的平均浓度在冬季最高，秋季与春季次之，而在夏季则最低。这是由于冬天天旱少雨、风速缓慢，气象条件不利于污染物扩散，尤其在空气的垂直、水平流动和交换能力明显变弱时，大量的PM2.5被滞留在低空大气层中，并逐渐积聚而形成霾。

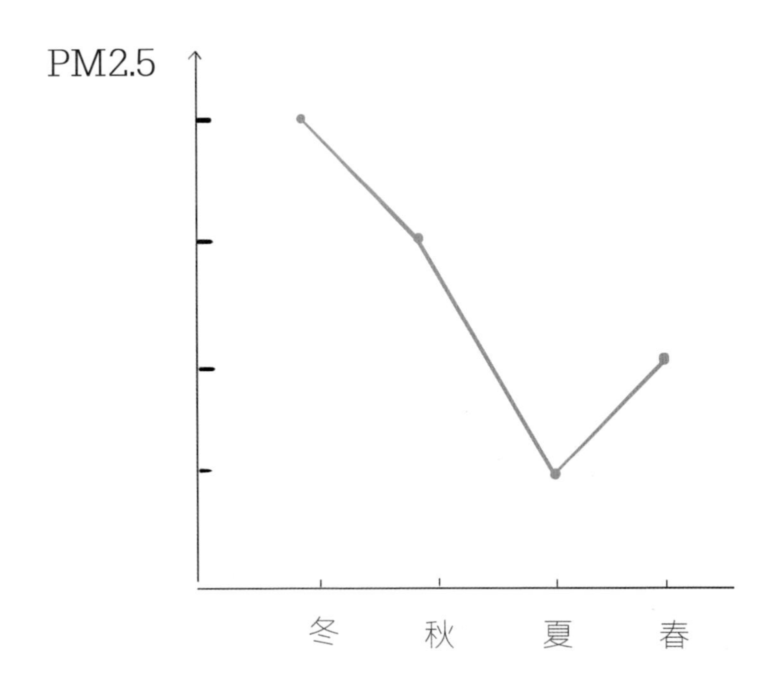

由此可见，雾霾天气形成的直接原因是空气中的污染物尤其是PM2.5雾气无法扩散。它们聚集在一个小的区域范围内，相对浓度加大，再加上空气对流较弱，因而较容易形成霾。

不过，当刮风时，空气对流明显加强，空气中的污染物尤其是PM2.5和雾气很快被风吹散，PM2.5的浓度会迅速降低，大气的自净能力加强；雨雪过后的晴天，空气湿润，大气中的一部分污染物尤其是PM2.5会附着在雨滴或雪花上被去除。因此，在刮风、雨雪天气过后，雾霾天气会很快好转。

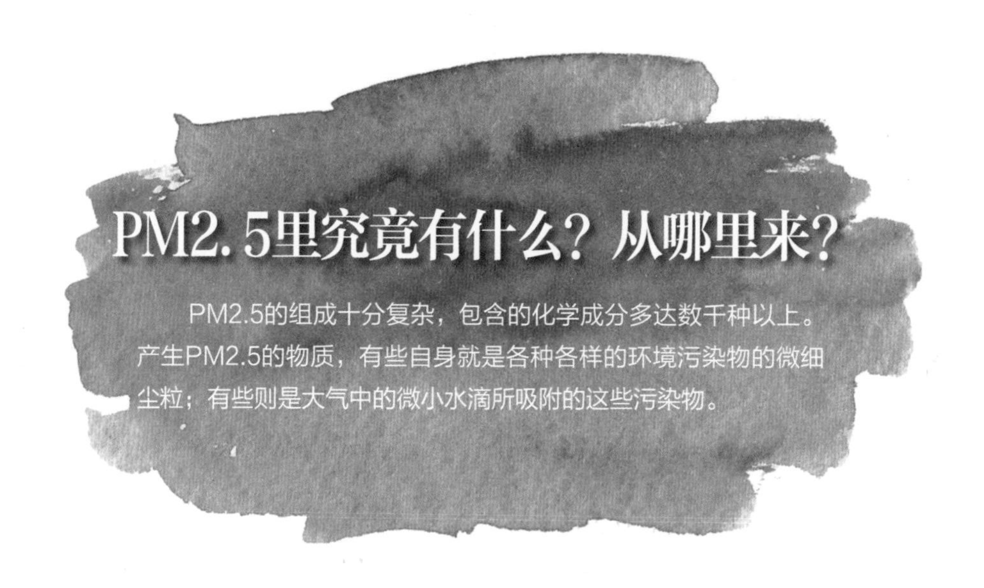

PM2.5里究竟有什么？从哪里来？

PM2.5的组成十分复杂，包含的化学成分多达数千种以上。产生PM2.5的物质，有些自身就是各种各样的环境污染物的微细尘粒；有些则是大气中的微小水滴所吸附的这些污染物。

由于PM2.5中的污染物多是有毒有害化学物质，有些甚至还是具有致癌、致畸、致遗传基因突变（俗称为“三致”）的，因而一旦被吸入肺部，对人体健康的伤害特别大。PM2.5的产生除了火山爆发、森林火灾、飓风、土壤和岩石的风化等自然因素之外，更多的是我们的经济活动、日常活动所致。

燃煤污染

煤炭作为我国的主要能源，其消费量在2010年就达到了33.86亿吨，超过全球煤炭消费总量的一半。这不仅会消耗掉大量的不可再生的一次性能源，而且还会产生PM2.5等污染物。

由于我国大多数燃煤设施的除尘设备效率较低，一般只能脱除粒径较大的颗粒物，无法阻止像PM2.5这样小的微细颗粒物进入大气形成污染。而且，燃煤所产生的烟尘中多富集着有毒有害的物质（如砷、铅、铬、汞、氟）及多环芳烃等有机污染物，容易致癌或致突变。

我国北方地区冬季取暖大多通过燃煤锅炉供热，烟尘中夹杂着大量的PM2.5，所以北方地区冬季的雾霾天气尤为严重。

汽车尾气污染

汽车尾气中含有大量的污染物已经是众所周知，殊不知汽车尾气中的微细颗粒物更是城市PM2.5的主要来源之一。

其中，柴油车的尾气中超过92%是直径2.5微米以下的微细颗粒物，原油燃烧排放气体中2.5微米以下的微细颗粒物更是占到了97%！此外，汽车的燃油品质，尤其是含硫量较高的汽油和柴油，以及汽车行驶中车轮对地面尘土的反复碾压磨碎，更是加剧了PM2.5的产生量。

建筑工地扬尘

扬尘泛指产生于地球表面风蚀等自然过程，以及道路、农田、堆积场和建筑工地等人为产生的颗粒物。其中，建筑工地扬尘、裸露地的扬尘也是PM2.5的主要来源之一。据监测和研究，仅在北京地区，扬尘占全市PM2.5产生量的10%左右。

工业烟气与粉尘污染

毫无疑问，工业生产中所产生的烟气和粉尘同样是大气中PM2.5的主要来源之一。其中，燃煤锅炉和工业窑炉，以及冶金、建材、化工、炼焦、有色金属冶炼、水泥、砖瓦等行业所排放的烟气和粉尘，是大气中PM2.5的主要来源。

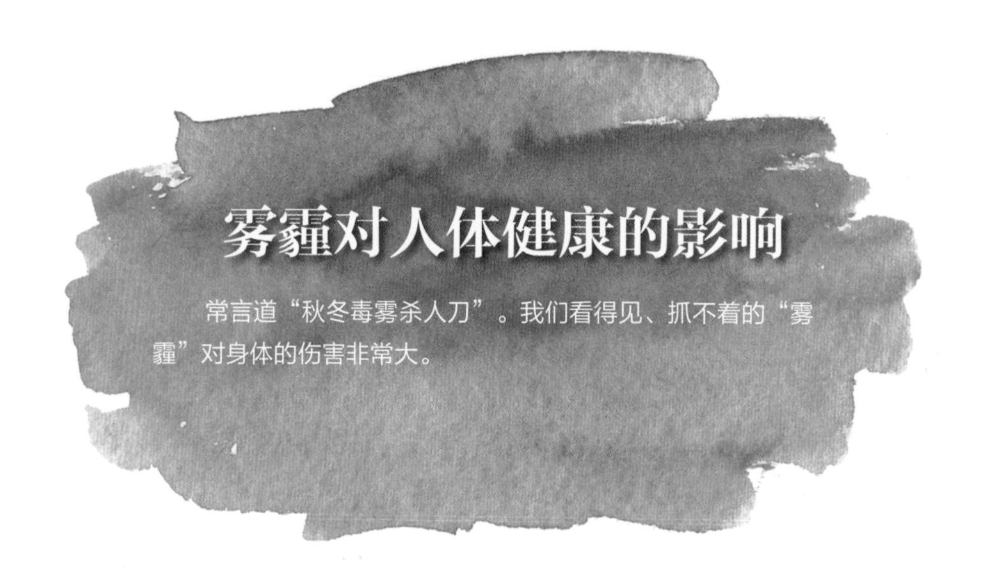

雾霾对人体健康的影响

常言道“秋冬毒雾杀人刀”。我们看得见、抓不着的“雾霾”对身体的伤害非常大。

1 导致眼睛不适

霾的主要成分多是有害化学物质。当这些物质附着在人的眼睛黏膜上时，就有可能引起角膜炎、结膜炎，或加重患者角膜炎、结膜炎的病情。概括来说，其症状表现为眼睛干涩、酸痛、刺痛、红肿和过敏等。一般结膜炎的患者，视力不受影响，检查可发现眼睑红肿、睑结膜充血、乳头滤泡增生、球结膜周边性充血，有时水肿及结膜下出血，结膜囊内有分泌物，严重者需要到医院进行专业治疗。

在雾霾天气里，老年人、用眼频繁的青少年和使用电脑较多的上班族最有可能被结膜炎困扰。因此，这几类人群尤其要注意用眼卫生和保护好眼睛。

2 对呼吸系统的影响

毫无疑问，雾霾对人体的危害首当其冲的便是呼吸系统。雾霾中有害健康的主要是直径小于10微米的气溶胶粒子，如矿物颗粒物、海盐、硫酸盐、硝酸盐、有机气溶胶粒子、燃料和汽车废气等，它能直接进入并黏附在人体呼吸道和肺泡中。尤其是亚微米粒子会分别沉积于上、下呼吸道和肺泡中，引起急性鼻炎和急性支气管炎等病症。因此，不少老年人、患有呼吸系统疾病的人在雾霾天气里经常遭遇到呼吸系统病变和病情反复的困扰。

3 伤害人体免疫系统

如果说雾霾天对呼吸系统疾病、心脑血管疾病的影响较为直观，那么雾霾对免疫系统的伤害，则是“慢性发作”。雾霾天气可导致近地层紫外线减弱，使空气中的病原微生物聚集并且活性增强，使传染病发病增多。其中流感是主要的呼吸道传染病。

4 影响心理健康

持续阴沉的雾霾天给人一种沉闷、压抑的感受，让人产生精神懒散、情绪低落甚至悲观情绪，当遇到不顺心的事情时会加重这些不良情绪。

5 对心脑血管的影响

雾霾天气里各种污染物明显增多，会随着人体呼吸进入身体里。当这些污染物附着在血管内壁时，就会产生血液流动缓慢的现象，从而导致动脉粥样硬化斑块的发生，影响心脑供血，引起胸闷、气短、心慌、头晕等症状，甚至导致原有的心脑血管病病情复发或恶化。

我们知道，雾霾天气多发生在潮湿寒冷的日子，气压比较低，人会容易烦躁，血压自然会有所增高。再加上气温较低，当人体吸入潮湿寒冷的雾气后，体内的血管无法适应突如其来的低温刺激，很容易发生血管痉挛。

6 影响孩子钙吸收，使生长减缓

雾霾含有高浓度的细颗粒污染物，会导致近地层紫外线的减弱，由于雾霾天日照减少，儿童紫外线照射不足，体内维生素D生成不足，对钙的吸收大大减少，严重的会引起婴儿佝偻病、儿童生长减缓。

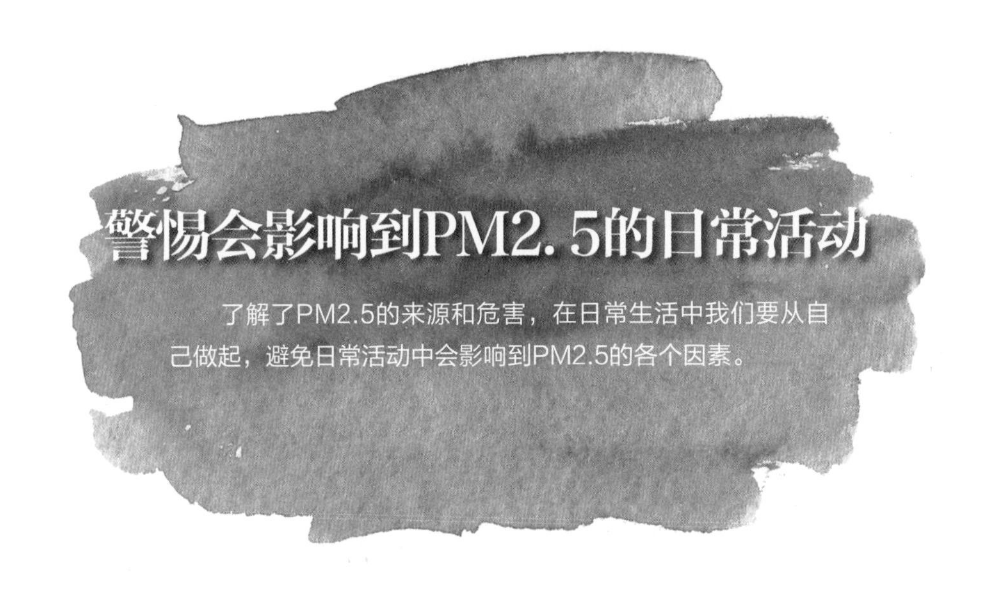

警惕会影响到PM2.5的日常活动

了解了PM2.5的来源和危害，在日常生活中我们要从自己做起，避免日常活动中会影响到PM2.5的各个因素。

点蚊香驱蚊

一直以来，点燃蚊香、涂抹花露水都是市民驱蚊的传统方法。对此有专家表示，其实蚊香点燃后也会产生PM2.5，对人体是有害的，长期使用蚊香还会形成一系列疾病。

目前市面上销售的蚊香，成分主要是杀虫药剂、苯、苯酚、二甲苯等，其中杀虫药剂占比不到1%，主要是从一种丙菊酯的杀虫剂中提取的，剩余99%以上的物质是有机填料、黏合剂、染料和其他添加剂，可以让蚊香无焰燃烧。

这类蚊香点燃后产生的烟雾里含有4类对人体有害的物质，超细颗粒（PM2.5）、多环芳香烃、羰基化合物和苯。燃烧时，蚊香会释放出的超细微粒被吸入肺部并长期留存，引起头痛、恶心的症状。

在居住环境中点燃蚊香，会升高室内PM2.5浓度，当卧室空间面积较小，烟雾微粒浓度较高时，你睡觉的地方就变成了“毒气室”。在这种环境下，人很容易出现咳嗽、胸闷、哮喘等病症，而心血管疾病患者还会使病情恶化。

室内吸烟

相信大家都有听过“烟毒猛于虎”的说法，吸烟有种种穷说不尽的坏处，它就像现代社会的白色瘟疫，不仅危害自身健康，还会伤害家人、影响下一代的身体素质。

我们看到很多人喜欢躲在办公室或家中不愿出门，此时若控制不住烟瘾，在室内一支接着一支吸烟，那么即使你没有暴露在外界空气中，也会吸入高浓度的PM2.5，这种伤害比身处户外时还大。

烟民吐出的烟雾，大多数由直径小于2.5微米的颗粒物组成，这些细小颗粒物很容易直达肺泡并沉积在肺部。即使吸烟后没有看到具体烟雾，但只要能闻到烟味，就代表室内的PM2.5浓度已经很高了。而且，PM2.5是不会凭空消失的，当它浓度比较大时，如果不能马上开窗通风换气，这些颗粒物就会附着在墙壁、家具、被子、窗帘、衣服上，成为二手烟、三手烟，污染室内的空气，给身边的人带来危害。

厨房烹饪

有人曾做过这样一个实验：在一间大约6平方米的厨房内进行，这个厨房朝南向，采光、通风良好。未进行烹饪之前，专家测试了一下厨房内的PM2.5浓度，1分钟内平均浓度为108微克/立方米。随后，实验人员开始在厨房炒菜，做了一道竹笋炒肉片。在不开吸油烟机的情况下，爆炒3分钟后，厨房内飘溢着一股呛鼻的油烟，而PM2.5浓度也瞬间飙升至995微克/立方米。然后打开吸油烟机，过了2分钟，PM2.5浓度便降至606微克/立方米。虽然数值有所下降，不过对比未进行烹饪前，数值还是上升了许多。

装修粉尘

装修中产生的粉尘，被称为装修中的“隐形杀手”。它能够侵害人体呼吸系统和消化系统。很多人认为，粉尘不直接伤人，但实际上这种物质由各种酚类和烃类组成，并含有致癌性较强的物质，其危害性不低于我们平时熟悉的甲醛。特别是粉尘粒直径小于10微米以下的木粉，粒小体轻，会直接进入人的肺内，损伤黏膜，引起肺部弥漫性、进行性纤维化为主的全身疾病，即老百姓所说的“尘肺”。

接触或吸入粉尘，还会对我们的皮肤、角膜、黏膜等产生局部的刺激作用，并产生一系列的病变，如萎缩性鼻炎、咽炎、喉炎、气管炎、支气管炎、毛囊炎、脓皮病等。如果不小心吸入了如镍、铬、铬酸盐的粉尘，极易引发肺癌。

PM2.5浓度令人堪忧的公共场所

雾霾并不单单只在室外，人流量很大的网吧、酒吧、餐厅等都是PM2.5浓度令人堪忧的场所。经专业测试，这些公共环境中PM2.5的含量非常高，对健康非常不利。

网吧

目前，我国很多城市对网吧的规范化管理都缺乏统一的标准，一半以上的网吧都存在一定程度的安全隐患：比如室内通风措施差，空气浑浊不堪，有的根本没有窗户，更谈不上通风透气了；上网人员相当密集，且平均滞留时间过长；最重要的一点，就是没有实施禁烟的规定，也没有配套的吸烟区。里面随处可见一些人一边上网，一边吞云吐雾。

有人曾对不禁烟的网吧做过测试，发现其PM2.5的浓度为252.7微克/立方米。而除了PM2.5之外，空气污染物还可能有几十种甚至几百种之多，包括细菌等微生物、一氧化碳、苯系物、甲醛等物质。除此之外，网吧里几十台甚至上百台电脑日夜运行所产生的废气也是造成室内空气污染的根本原因之一。

酒吧

酒吧的污染源主要来自三个方面：顾客们吸烟产生的烟雾颗粒；阴湿环境中滋生的细菌和霉菌；此外，酒吧内部豪华的装修还散发出多种有害气体，如内部壁纸、地毯等所散发出的甲醛、苯等，也严重污染了室内的空气。

有专家曾对很多酒吧做过测试，发现这些酒吧的PM2.5浓度无一例外地处于污染水平，最严重的一家，其PM2.5的浓度竟然高达1154微克/立方米。所以，奉劝那些经常泡吧的朋友，别拿自己的身体开玩笑，天天去泡吧。泡吧的危害虽然在短时间内显现不出来，不过若不加节制，再过几年，你可能会发现自己患上了慢性气管炎，甚至是肺部肿瘤。

餐厅

曾有志愿者对北京市51家餐厅进行了暗访调查，以工薪阶层消费水平的中式餐厅为主，其中10家为全面禁烟餐厅，16家为部分禁烟餐厅，25家为没有任何禁烟规定的餐厅。志愿者选择用餐高峰时进入，测量并记录下餐厅内空气的PM2.5的浓度。结果在没有禁烟规定的餐厅中室内空气污染程度非常严重，室内PM2.5浓度平均值达到114微克/立方米；而在划分了吸烟区的部分禁烟的餐厅中，室内空气污染程度仍很严重，非吸烟区内PM2.5浓度平均值达到103微克/立方米；只有全面禁烟的餐厅的PM2.5浓度较低，室内浓度平均值为61微克/立方米。

公交站

坐过公交车的人都看过公交车进站、出站时尾气大肆弥漫的情况，空气生成一朵朵黑云似的烟花，与之接触后既熏眼睛又刺激鼻腔，气管不好的人因此会咳嗽一阵，有鼻炎的人则会不由自主地打起喷嚏。可想而知，公交车站周围的空气是污染比较严重的。

为了直观得到汽车尾气对PM2.5的“贡献”数据，有测试者将仪器对准所开车辆的排气管。在怠速状态下，仪器检测平均值为214微克/立方米；当踩下油门，发动机转速达到2500转/分钟，PM2.5瞬间数值飙升至1095微克/立方米。可见公交站周围有多危险，当我们等车时，尤其看见车到来时会反射性地向前挤，这也在不知不觉中吸入了更多的颗粒物。

地铁站

除了公交站，地铁站也是PM2.5的聚集地。据北大环境科学与工程学院副院长谢绍东介绍，地铁内空气污染的来源包括建筑材料挥发的气体，大量乘客产生的灰尘、皮屑、衣服上的纤维、鞋底的扬尘等。此外，再加上不充足的地下通风和过滤系统，都加剧了地铁内的空气污染和PM2.5数值的上升。

CHAPTER

2

应对雾霾，跟着我一起学习

雾霾天气的出现不是一朝一夕形成的，
由于各种污染源的长时间不科学排放，
以及大家对雾霾知识的欠缺，
从而诱发了如今让人谈之色变的雾霾天气。
同样的道理，要想彻底改善雾霾，
还大家一个清新舒适的自然环境，也不是一朝一夕能完成的。
所以，我们将在很长一段时间内会继续遭受雾霾的伤害。
此时，我们能做的就是要保护好自己，
想尽各种办法减少雾霾对自身的伤害。

自戴“防护盾”——口罩

雾霾对人体的侵害主要是在户外，所以出行最有效的防护用品就是口罩。对于选购口罩，大家一定要具备基本的常识，因为有些口罩商利用大众对于雾霾的无知和恐惧，在商品宣传上加入伪科学的元素，大肆夸张口罩的效果。

选对口罩

我们知道了PM2.5是泛指直径小于或等于2.5微米的颗粒物，那么我们选择防雾霾口罩就必须选择防颗粒物口罩。防颗粒物口罩主要防护对象包括粉尘、雾、烟和微生物。

防颗粒物口罩的执行标准：

分类	过滤效率≥90%	过滤效率≥95%	过滤效率≥99.97%
KN类	KN90	KN95	KN100
KP类	KP90	KP95	KP100

知识充电站

◆ KN类：适用于过滤非油性颗粒物。

◆ KP类：适用于过滤油性和非油性颗粒物。

◆ 非油性颗粒物：固体和非油性液体颗粒物及微生物，如煤尘、水泥尘、酸雾、油漆雾等。

◆ 油性颗粒物：油烟、油雾、沥青烟、焦炉烟、柴油机尾气中的颗粒物等。

选择合适的防颗粒物口罩

1 看口罩的执行标准

选择口罩防PM2.5，首先要观察包装及产品本体是否标有明确且被认可的口罩执行标准，如“N95”等。值得一提的是，不同的国家执行的口罩检测标准是不同的。我国现行的标准是GB 2626～2006，还是早在2006年我国大气污染加重、呼吸病越来越多的情况下修订的。而美国的NIOSH标准就比较成熟。而即使是同一品牌的口罩，在不同国家执行的是不同的标准。例如3M的9002是3M中国生产的型号，不在美国市场出售，执行的就是国标GB 2626～2006；而同样是3M的9210，执行的就是美国NIOSH的N95的标准。所以在选购时还要注意看口罩包装上的说明，来判断它的材质是符合哪个标准的。

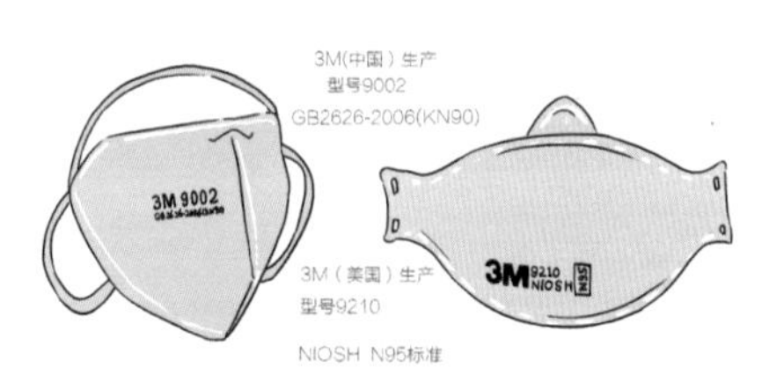

2 看口罩的品牌

大家最熟悉的口罩品牌当然是3M了，3M是世界著名的产品多元化跨国企业，在职业安全的呼吸防护产品领域一直保持全球领先的地位。英国的Respro口罩也是一款不错的选择，尤其是它的运动专用口罩。Respro口罩符合欧盟EN执行标准，也是英国肺癌防治基金会指定推荐保护肺部健康、防御污染源最有效的保健用品。新加坡的Totobobo口罩一向以轻盈舒适、贴合度好著称，也在市场上拥有一批粉丝。Totobobo口罩的重量官方数据为20g，佩戴舒适，特殊的材质也使呼吸完全顺畅无障碍，口罩本身材质很柔软，贴合脸部，不仅可以调节伸缩带，还可自行根据脸型大小对口罩进行剪裁。

3 看口罩的功能特性

大气中的污染物主要还是以非油性颗粒物为主，而效率为99%和100%的口罩呼吸阻力相对比较大。因此为对抗雾霾和PM2.5，想要达到经济、舒适和过滤效果三者的平衡，N95就基本够用了。此外，还要看自己是否需要冷流呼吸阀，有冷流呼吸阀的口罩可以迅速释放呼出的热气，有效降低面部温度。最后选择可折叠的口罩，出门携带会比较方便。

医用外科口罩、普通医用口罩、棉/纱质口罩对PM2.5的过滤效率低，只能起到一定阻隔作用，防护效果不佳；活性炭口罩主要用于防异味，不能防颗粒物。

不宜长时间佩戴

雾霾天出行，我们要佩戴专业的防霾口罩，以减少有害物质对呼吸系统的侵袭。但是，由于专业的防霾口罩透气性较差，并且佩戴者没有长期佩戴的习惯，因而容易使佩戴者产生缺氧的现象。鉴于此，非专业人士佩戴防霾口罩不宜持续超过2小时，如果感到身体不适，应及时摘下防霾口罩，并将自己的症状及时告诉身边的人，谨防意外发生。

对于特殊人群（如儿童、老年人、孕妇、患有呼吸系统疾病和心血管疾病的人）来说，防霾口罩更是要谨慎佩戴，且佩戴时间应相对缩短，以免引发其他的负面影响。

正确佩戴口罩

口罩使用遵照其使用说明进行，佩戴时必须完全罩住鼻、口及下巴，保持口罩与面部紧密贴合；心脏或呼吸系统有困难的人(如哮喘肺气肿)，佩戴后头晕、呼吸困难和皮肤敏感者不建议佩戴口罩，尽量减少室外活动；骑行或运动时不宜戴过滤效率过高的口罩，以防造成呼吸不畅。

1

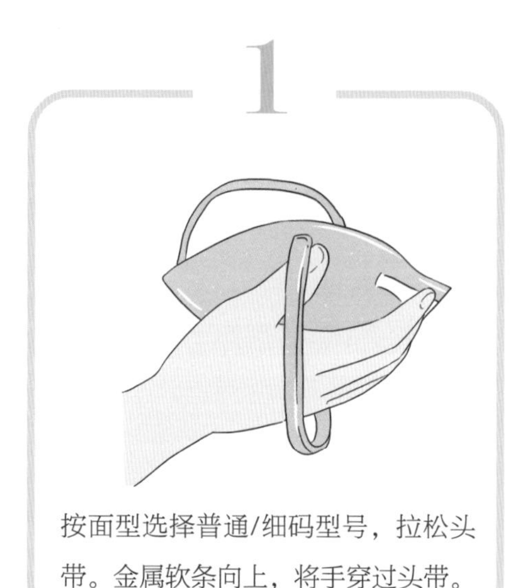

按面型选择普通/细码型号，拉松头带。金属软条向上，将手穿过头带。

2

戴上口罩，头带分别置于头顶后及颈后。

3

用双手的食指及中指由中央顶部向两旁同时按压金属软条。

4

用双手轻按口罩，然后刻意呼气，空气应不会从口罩边缘泄露；然后刻意吸气，口罩应会稍凹陷。

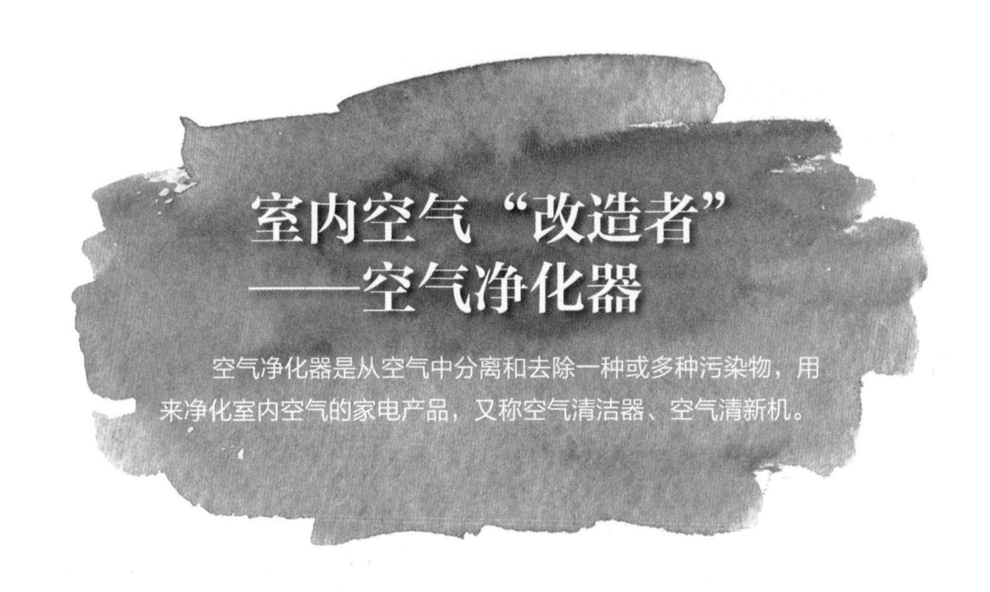

室内空气“改造者”——空气净化器

空气净化器是从空气中分离和去除一种或多种污染物，用来净化室内空气的家电产品，又称空气清洁器、空气清新机。

室内空气净化器的种类

室内空气净化器按净化技术可分为：光触媒空气净化器、负离子空气净化器、活性炭空气净化器、HEPA空气净化器等。

光触媒空气净化器集高科技光触媒技术、紫外灯、高效过滤系统、颗粒状活性炭、叠层悬浮式滤筒、负离子等多项技术于一体，具有快速分解有毒有害气体，有效杀灭各种细菌、病毒，除去各种异味、烟味、吸附粉尘等功效，可迅速有效地改善室内空气质量。

负离子空气净化器是一种利用自身产生的负离子对空气进行净化、除尘、除味、灭菌的环境优化电器。其与传统的空气净化机的不同之处是以负离子作为作用因子，主动出击捕捉空气中的有害物质；而传统的空气净化机是风机抽风，利用滤网过滤粉尘来净

化空气，称为被动吸附过滤式的净化原理。传统空气净化机需要定期更换滤网，而负离子空气净化器则无需耗材。

活性炭空气净化器具有除尘、除臭功能，也可以净化空气，但是由于存在吸附饱和问题，容易产生效果衰减。

HEPA是一种国际公认最好的高效滤材，HEPA过滤式空气净化器是国外最常见的空气净化器之一。不过，目前在我国HEPA过滤式空气净化器并不像以前那样受消费者欢迎。原因之一是，滤网式空气净化器对空气的除菌（消毒）效果差，而且面对我国复杂的污染状况有点“力不从心”。

如何选购合适的空气净化器

选购一台适合自家环境的空气净化器对改善和提高室内空气质量非常有帮助。接下来就告诉大家如何来选购一台称心如意的空气净化器。

出风量

好的空气净化器换气速度一定要快，即风量大，在产品说明书中以（m^3/h）来表示，数值越大越好。

2 净化效率

选择净化效率高的产品，具体可以看固态颗粒物的去除率、挥发性有机物的去除率、甲醛的去除率，这三项指标通常用百分比表示，数值越大越好。

滤网

滤网是空气净化器的核心净化器件，要重点留意。主流的空气净化器有3~4层滤网，有的有5~6层滤网。每一层滤网针对不同的污染物，如：前置滤网可以吸附小灰尘颗粒和毛发；脱臭滤网多指活性炭滤网，可以去除汗臭味、宠物气味等异味；甲醛去除滤网是专门针对甲醛的；HEPA集尘滤网用来去除螨尘、花粉、病菌、二手烟、灰尘等微小颗粒；加湿滤网就是锦上添花的东西了。但并不是所有的滤网你都需要，主要看你想过滤的是什么。

4 噪声

空气净化器的噪声只要不超过30分贝，就不至于影响睡眠，晚间在卧室使用的话，选择有静音功能的。非静音模式下的噪声肯定会对睡眠有影响，这个可以参考非变频空调在正常工作时产生的声音。

5 适用面积

房屋面积如果太大，再好的空气净化器也无力回天。建议买有效作用面积为您所处环境面积的2倍左右的空气净化器。各品牌产品所标识的污染物去除率，都是在很小的实验空间内检测得出的最理想化的数据，在现实的应用环境中，其实际效能将大打折扣。

6 空气净化器的使用寿命

应当考虑空气净化器的使用寿命。由于采用过滤、吸附、催化原理的净化器随着使用时间的增加，滤胆趋于饱和，净化能力会下降，这就需要清洗、更换滤网和滤胆，所以应选择具有再生能力的滤胆，以延长使用寿命。

7 安全性

认准3C认证，购买正规厂家的产品。

空气净化器使用小提示

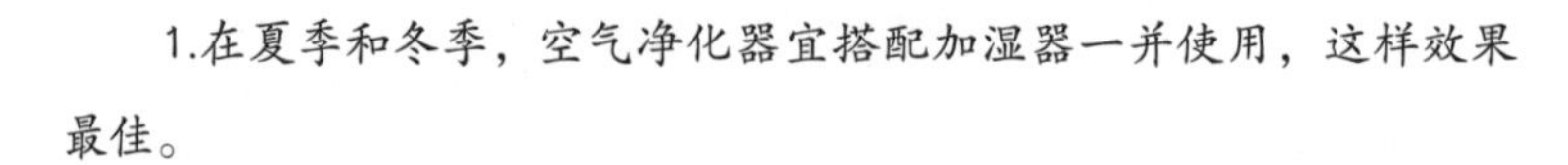

1.在夏季和冬季，空气净化器宜搭配加湿器一并使用，这样效果最佳。

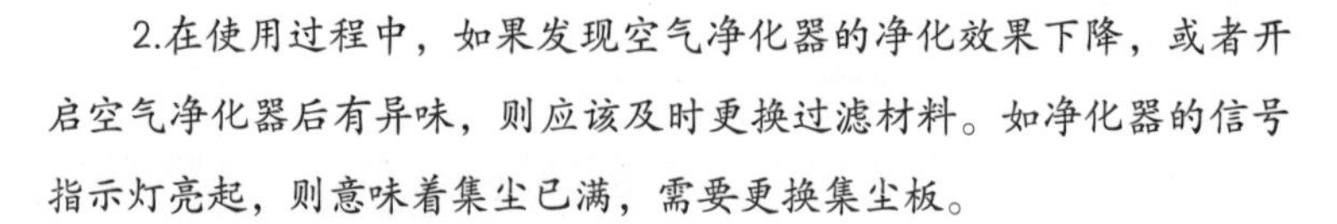

2.在使用过程中，如果发现空气净化器的净化效果下降，或者开启空气净化器后有异味，则应该及时更换过滤材料。如净化器的信号指示灯亮起，则意味着集尘已满，需要更换集尘板。

3.空气净化器最好放置在房屋相对居中的位置，这样能起到最好的全屋净化效果。同时，也不要放在离人体太近的地方，尤其是静电吸附类型的空气净化器，一定要适当放高避免儿童接触。

巧用绿色植物打造舒适居家

工作了一天的人们回家关窗之后，室内的灰尘、食物散发的异味、出汗后的衣物鞋子、电器设备的辐射等问题让人心情烦闷，影响休息。其实，综合解决这些问题的最简单、最自然有效的办法就是给室内增添一份绿色。

仙人掌

其特点是白天关闭气孔，防止水分蒸发；夜间打开气孔，吸收二氧化碳，释放氧气。如果在室内摆放两三盆仙人掌，可增加空气中的负离子，大大有利于睡眠和健康。

富贵竹

其为适合卧室的健康植物。富贵竹可以帮助不经常开窗通风的房间改善空气质量，具有消毒功能，尤其是卧室，富贵竹可以有效的吸收废气，使卧室的私密环境得到改善。

吊兰

其有吸收空气中有害化学物质的能力。研究发现一盆吊兰在24小时内可将室内的一氧化碳、过氧化氮及其他挥发性有害气体吸收干净。

虎尾兰

其为天然的清道夫，一盆虎尾兰可吸收10平方米左右房间内80%以上多种有害气体，两盆虎尾兰基本上可使一般居室内空气完全净化。虎尾兰白天还可以释放出大量的氧气。

常春藤

一盆常春藤能消灭8至10平方米房间内90%的苯，能对付从室外带回来的细菌和其他有害物质，甚至可以吸纳连吸尘器都难以吸到的灰尘。

银皇后

它以独特的空气净化能力著称，空气中污染物的浓度越高，它越能发挥其净化能力！因此，它非常适合通风条件不佳的阴暗房间。

龟背竹

龟背竹净化空气的功能略微弱一些，它不像吊兰、芦荟是净化空气的多面手，但龟背竹对清除空气中的甲醛的效果比较明显。

发财树

发财树的蒸腾作用很强，可以有效地调节室内湿度和温度，还能净化室内抽烟产生的有害物质。

忌花草香味过于浓烈的植物，这会让人难受，甚至产生不良反应，如夜来香、郁金香、五色梅等。

忌一些会让人产生过敏反应的花卉，如月季、玉丁香、五色梅、洋绣球、天竺葵、紫荆花等，人体碰触抚摸它们，往往会引起皮肤过敏，甚至出现红疹，奇痒难忍。

有的观赏花草带有毒性，摆放应注意，如含羞草、一品红、夹竹桃、黄杜鹃和状元红等。

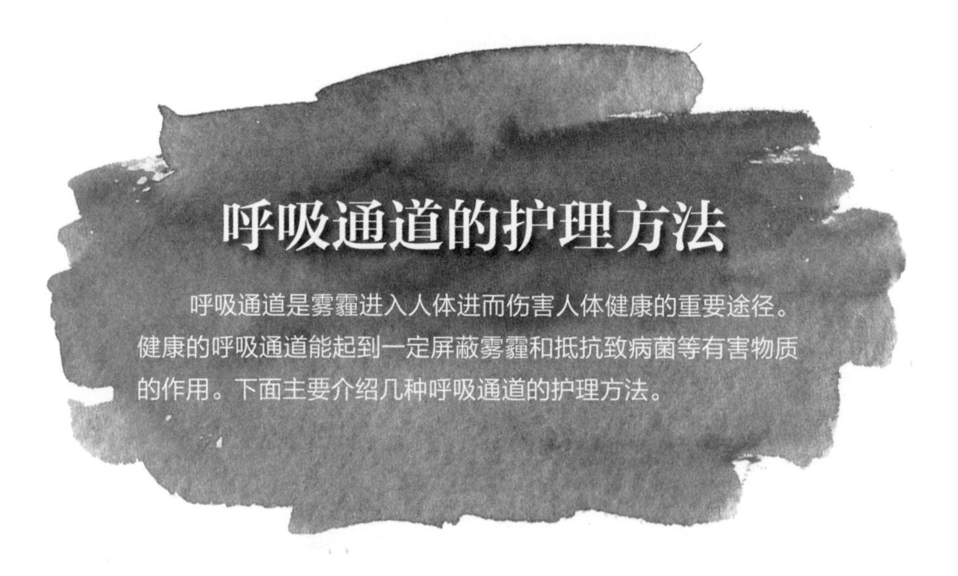

呼吸通道的护理方法

呼吸通道是雾霾进入人体进而伤害人体健康的重要途径。健康的呼吸通道能起到一定屏蔽雾霾和抵抗致病菌等有害物质的作用。下面主要介绍几种呼吸通道的护理方法。

正确擤鼻涕

有人习惯把鼻涕先咽到喉咙里，再吐出来，这无形中就会把污物带到咽部并污染它，容易引发各种炎症，是非常有害的。正确的擤鼻涕的方法如下：

- 一手拿纸巾捏住鼻子。
- 先捏紧一侧鼻孔，用力将鼻涕从对侧鼻孔内擤出。
- 再捏紧另一侧鼻孔，用力将鼻涕从对侧鼻孔内擤出。
- 两手用纸巾将鼻涕擦净、团紧，将纸巾扔进垃圾箱。

注意事项：

1.不要两个鼻孔同时擤，那样不仅不容易擤干净，有时还会引起头部不舒服。

2.不要直接用手擤鼻涕，擤完随手甩在地上，有失文明。

正确清理鼻腔

从户外回来，应该轻柔地清理鼻腔。一种方法是拧开水龙头，用手指头蘸着流动水伸进鼻腔反复清洗。另一种方法是用镊子夹住棉球，蘸着容器里的温水清洗鼻腔。

鼻毛是鼻腔内重要的组成部分，它有黏附吸入空气中粉尘的作用，是一道有力的“防

护墙”。有人为了美观，拔掉鼻毛，这无疑是自拆“防护墙”，既痛苦又绝对有害健康。但是，精心修剪有碍观瞻的过长鼻毛，既美观又无害，倒是可取的。

护气管

痰是呼吸道的分泌物，健康人都是有痰的。在咳出的灰白或灰黑色的痰中，有尘埃、脓性分泌物、细菌、病毒、真菌等，它是呼吸道黏膜上的污物，是被机体清除出来的“垃圾”。

痰积聚在呼吸道，会阻碍呼吸吐纳的畅通，适时、合理地将其排出去，有利于氧气的吸入和二氧化碳的呼出，是确保良好呼吸运动的一项重要措施。

痰中有成千上万种细菌，如果痰被咽下去，只有少部分细菌可能会被胃液杀死，但是绝大部分细菌仍然活着，它们会进入消化系统进而引起各种疾病。

自然界中的粉尘、金属微粒及废气中的毒性物质，通过呼吸进入人体，既损害鼻、喉、气管和肺脏，又通过血液循环而影响全身。借助主动咳嗽可以“通畅”呼吸道、“清扫”肺脏、排除毒素，是我们应该养成的非常重要的生活习惯。

每天主动咳嗽的正确方法

（1）每天早晨和晚上，选择空气相对新鲜的地方做深呼吸。

（2）深呼吸时，左臂慢慢提起，右手拿纸巾移向口部。

（3）呼气时，咳嗽，咳出痰液，同时用右手纸巾捂嘴接痰，左臂放下。

（4）反复3次。

主动咳嗽注意事项：

（1）先做舒缓有节律的深呼吸6次，为咳嗽做准备，再咳嗽。

（2）咳嗽完，再做舒缓有节律的深呼吸3次，结束动作。

（3）注意力要集中，避免出现“岔气”。

（4）严重雾霾天气，在室内做主动咳嗽比较合适。

养护肺脏提高呼吸效率

养护肺脏的方法，包括食疗、柿子酒、“呬”字功养肺法、经穴按压法和抻筋法5种。

1. 食疗

（1）“五行养肺羹”。

“五行养肺羹”可以养护肺及五脏六腑的正气，增强肺的功能以及与其他脏腑的协调能力，保障吸入的氧气得到充分利用，提高氧气的利用率。

“五行养肺羹”的制作方法如下：

原料：莲子15克，银耳10克，红小豆15克，黑豆20克，绿豆15克，山药50克，冰糖。

制作方法：莲子洗净泡发；银耳洗净泡发；红小豆、绿豆、黑豆洗净泡2小时；山药去皮、洗净、切块备用。将上述食材放入砂锅中，加入清水，煮至所有的豆开花、汤浓稠，即可关火。待温热时，按个人口味加入适量冰糖服用。

服法：每周2~3次。

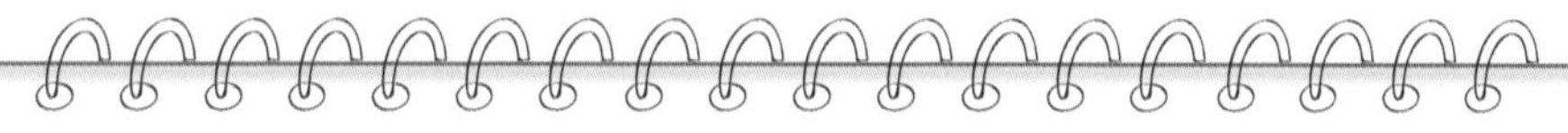

知识链接

★莲子：色白，入肺，是养肺佳品。能清心醒脾、补中养神、健脾补胃、益肾涩精止带、滋补元气等，是养护五脏六腑的佳品。

★银耳：色白，入肺，是养肺佳品。能补肺润肺，具有强精、补肾、润肠、益胃、补气、和血、强心、壮身、补脑、提神、美容、嫩肤、延年益寿的功效，是滋补五脏六腑的佳品。

★红小豆：李时珍称之为“心之谷”，说红小豆是对心具有补益的谷物。从五行的角度讲，红色入心，但从功用上讲，红小豆可利水、除湿、消肿、解毒。治水肿、脚气、黄疸、泻痢、便血、痈肿等，凡水湿停滞体内的病症，都可用红小豆来除湿。

★黑豆：为“肾之谷”，说黑豆是对肾具有补益的谷物。有养肾、清热、排毒等功效，五行中肾与肺也是相生相克的关系，肾气足，脾气、肺气也随之充足。

★绿豆：可以养肝胆，因为从五行和性味归经的角度讲，青色入肝，而且能除湿除热，是养护脏器、排毒的佳品。

★山药：有健脾胃、补肺肾、补中益气、健脾补虚、固肾益精、益心安神等功效，李时珍《本草纲目》中更称山药有“健脾补益、滋精固肾、治诸百病，疗五劳七伤”的重要作用。

（2）“红豆莲子粥”。

原料：红豆100克，莲子25克（根据个人喜好，决定是否加入莲子心），冰糖25克。

制作方法：红豆泡3~4小时，莲子不泡。将食材放入砂锅中煮沸5分钟，中火煮35分钟后加入冰糖，再用小火煮5分钟。

服法：每周1~2次。

作用：滋阴润肺、益气强身。

（3）具有补肺作用的食材。

谷类：西谷米（西米）、花生。

蔬菜类：黄金菇、红菇、银耳、紫菜、慈姑、葫芦、丝瓜、黄瓜、荠菜、土豆、葱、大蒜、香椿、茭白、苋菜、马兰头、竹笋、荸荠、鱼腥草、大葱。

肉蛋类：猪肉、猪肺、鸡蛋清、鸭肉、鸭蛋、鹅肉、兔肉、银鱼、鲤鱼。

水果：橄榄、桃子、杏子、槟榔、苹果、梨、芒果、枇杷、甘蔗、柿子、柚子、香蕉、香瓜、菜瓜、无花果。

药食：燕窝、党参、黄芪、太子参、桂花、百合花。

饮品：牛奶、椰子汁、杏仁汁、酸梅汁、蜂蜜。

干果：白果、松子、罗汉果。

2. 柿子酒

柿子味甘而气平，性涩而能收，故有清热去燥、润肺化痰、生津止渴、健脾燥湿、治痢等功能，是有益于肺脏的天然保健食品，也是慢性支气管炎、高血压、动脉硬化、痔疮患者的天然保健食品。《本草纲目》中记载，“柿乃脾、肺、血分之果也”。

把柿子酿成酒，不仅能够使柿子中所含的营养成分得以保留，而且通过“酒”的有机溶解，使人体更易吸收柿子的营养成分，起到清肺、润肺、养肺、化痰、止渴等保健养生作用。

柿子酒的制作和食用方法如下：

（1）选购：柿子品种不限，选购熟透的柿子即可，这样更容易发酵。

（2）清洗：由于柿子表皮很可能残留农药，清洗柿子的环节就相当重要。先浸泡3小时，再逐个清洗，剔除不好的柿子，再用自来水反复冲洗。

（3）晾干：先把柿子盛在能漏水的容器当中，等柿子表面没有水珠就可以倒入酒坛了。

（4）选择容器：酒坛可以是陶瓷罐子，也可以是玻璃瓶，但不主张用塑料容器，因为塑料很可能会与酒精发生化学反应，并产生一些有毒物质，危害人体健康。

（5）放糖：戴上一次性手套，将柿子捏碎，然后放入酒坛中，再把糖放在柿子上面（柿子和糖的比例是10∶3，例如10千克柿子放3千克糖）。不喜欢吃甜的朋友，可以少放，但是不能不放糖，因为糖是柿子发酵的重要因素。

（6）加封保存：将酒坛子密封，如果是陶瓷罐，可以用洁净的纱布覆盖罐口，然后用保鲜膜包起来密封，再盖上盖子。加封后，酒坛子需放在阴凉处保存，平时不要随意去翻动或打开盖子。

（7）启封：柿子发酵时间，天热时需要20天至一个月；天冷时需要40天左右；如果喜欢酒劲足一些，只需延迟启封时间即可。启封后，捞出浮在上面的柿子皮等固体，过滤后就可以直接喝柿子酒了。每一次舀出柿子酒后，别忘记盖好盖子，以免酒味挥发。

（8）饮用：一般5~10毫升，每日2~3次，根据个人酒量增减。

柿子含单宁，易与铁结合，贫血者少饮为宜。糖尿病患者不宜饮用，容易增高血糖，对身体不利。

3. “呬”字功养肺法

肺主一身之气，主要取决于肺的呼吸功能，而养护好呼吸功能，就能强肺，就能更多地吸入氧气，顺畅地传输氧气，充分地利用氧气。同时，也能更多、更顺畅地呼出二氧化碳。

“呬”字功，是六字诀养生功法中的一节，主要在于养肺。

坚持练此功法，可以增强肺的功能，增强肺活量，使呼吸一口气的过程均衡有力，有益身体健康，老少皆宜。对气管炎、支气管炎、肺气肿、中气不足等与肺有关的疾病的预防和治疗，都有很好的作用。

练功方法是：

（1）站立位。

（2）口型为两唇微后收，上下齿相合而不接触，舌尖抵上下齿缝，微微发出“呬”音。

（3）呼气发轻声——两手从小腹前提起——逐渐转为手心向上——至两乳水平——两手背相触提起——指尖对准喉部——左右展臂——挺胸——两手向外推出——呼气终了。

（4）吸气无声——两臂自然下垂——垂于体侧。

（5）反复6次。

4. 经穴按压法

手太阴肺经和手阳明大肠经相表里，按压两经都对肺的呼吸功能有加强作用，同时也对有关呼吸的症状有治疗作用。

手太阴肺经共11个穴位，背诵口诀是：手太阴肺十一穴，中府云门天府诀，侠白尺泽孔最存，列缺经渠太渊涉，鱼际少商如韭叶（即韭菜叶的宽度）。

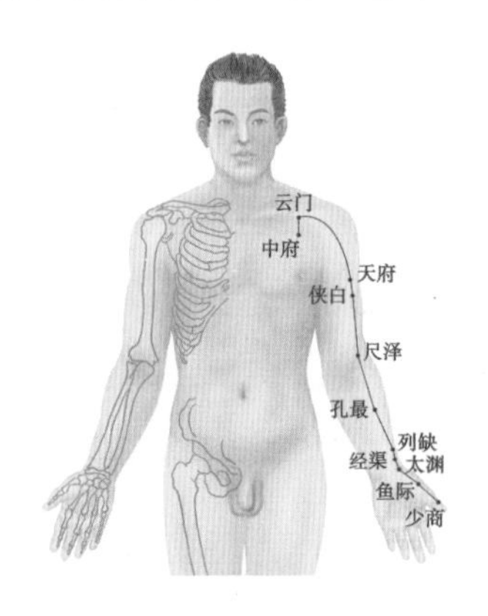

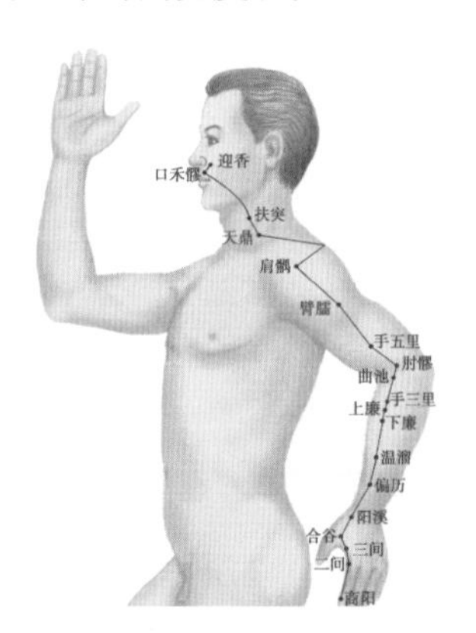

读者可能记不住，简单的记忆方法是：从肩关节前面开始，沿着上肢掌面的大拇指那一侧向下，直到拇指端。

手阳明大肠经共20个穴位，背诵口诀是：手阳明大肠起商阳，二间三间合谷藏，阳溪偏历温溜取，下廉上廉手三里，曲池肘髎五里迎，臂臑肩髃巨骨当，天鼎扶突禾髎接，鼻旁五分是迎香。

常用的简单记忆方法是：从手指背面开始，沿着上肢背面的大拇指那一侧向上，直到肩关节前面。

5. 抻筋法

分抻手太阴肺经和与之相表里的手阳明大肠经。

抻手太阴肺经的常用术式

1）抱颈缩背式

- 坐或站立位。
- 两腿分开，双肘屈曲，两手在枕后交叉。
- 吸气时挺胸缩背达到最大限度保持。
- 呼气时放松，连续呼吸吐纳6次。

2）胸挺指撑式

- 稍靠前坐在椅子上。
- 两手放在身后，十指伸直，指腹支撑在椅子面上，手掌悬空。
- 吸气时挺胸后仰，指腹用力支撑，到最大限度持续。
- 呼气时放松。
- 连续呼吸吐纳6次。

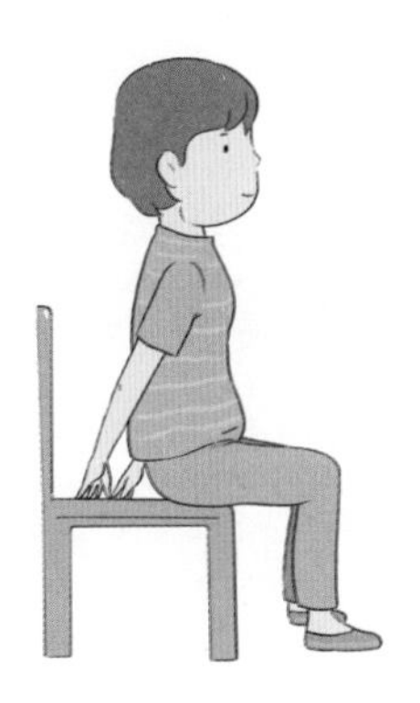

3）伸掌乞天式

- 坐或站立位。
- 双上肢向前平伸，手心朝前。
- 吸气时，五指分开、伸展、指尖朝天，达到最大限度保持。
- 呼气时放松，回复原位。
- 连续呼吸吐纳6次。

抻手阳明大肠经的常用术式

1）侧后倾倒式

- 坐或站立位。
- 左手扳住头部右侧，将头颈向左前方侧屈，达到最大限度保持，保持呼吸吐纳6次的时间，放松回复中立位。
- 右手扳住头部左侧，将头颈向右前方侧屈，达到最大限度保持，保持呼吸吐纳6次的时间，放松回复中立位。

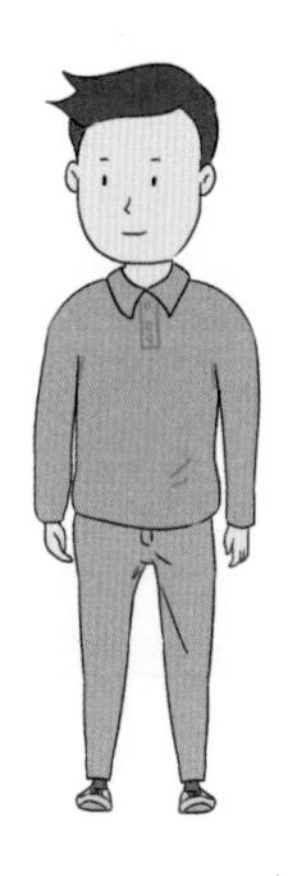

2）双手护颈式

- 站立或坐位。
- 屈肘后伸，双手在颈后交叉。
- 吸气时，身体向左旋转，达到最大限度保持。
- 呼气时放松。
- 吸气时身体向右旋转，达到最大限度保持。
- 交替呼吸吐纳6次。

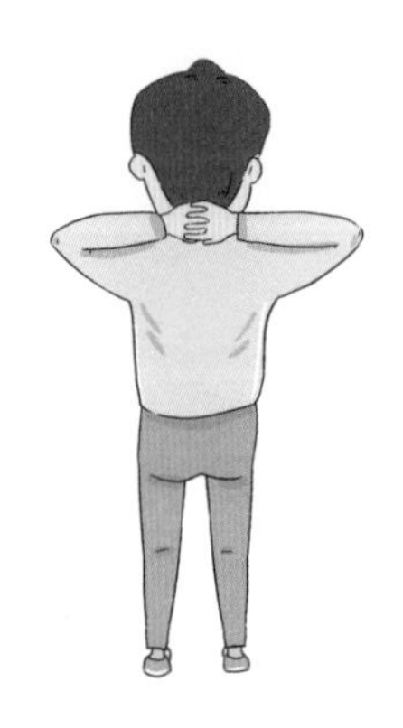

3）抬肩够背式

- 坐位。
- 头稍前屈，左肩抬起，屈肘从头后摸到右侧肩后方，右手从头后扳住左肘。
- 右手拉左肘向下，觉得左侧肩背部肌肉拉紧，达到最大限度保持，反复呼吸吐纳3次。
- 头稍前屈，右肩抬起，屈肘从头后摸到左侧肩后方，左手从头后扳住右肘。
- 左手拉右肘向下，觉得右侧肩背部肌肉拉紧，达到最大限度保持，连续呼吸吐纳3次。

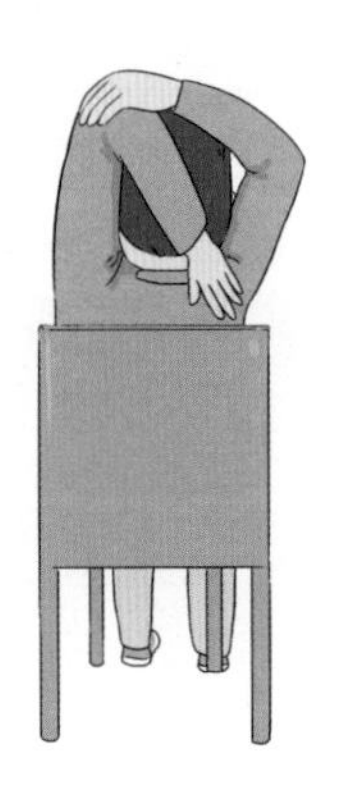

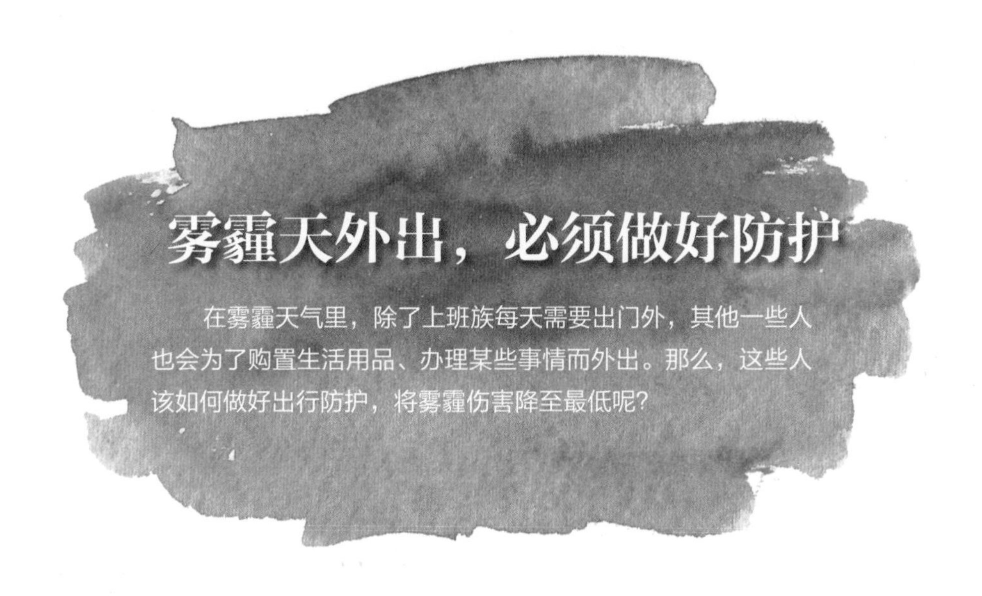

雾霾天外出，必须做好防护

在雾霾天气里，除了上班族每天需要出门外，其他一些人也会为了购置生活用品、办理某些事情而外出。那么，这些人该如何做好出行防护，将雾霾伤害降至最低呢？

巧选时间段

上下班高峰期，车辆拥挤，汽车尾气排放量远远高于其他时间段，这个时候的空气质量是一天中最差的。加之人口密度高，每个人的平均吸氧量大幅度下降，此时佩戴着口罩出门容易出现头晕目眩的情况，并非出行的好时机。因此，外出购物应该尽可能选择错开人们上下班的高峰期。

大部分城市在白天是不允许通过大型车辆、泥罐车的。因为大型车辆、运载砂石和建筑材料的泥罐车经过，不仅会扬起大量灰尘，车上的建筑材料也会随之悬浮在空气中。所以，大部分城市要到晚间10时后才对这些车辆解禁，允许它们通过市区。而这个时间段的空气质量也会随之下降，除了PM2.5之外，空气中还会有大量的石灰粉尘、水泥颗粒物等。在雾霾天气里，这些灰尘和颗粒物会更加难以散开，因此大型车辆解禁的时间后也是不适合出行的。

雾霾天气里，正午12~13时，下午15~16时是最适合出行的。这两个时间段里的空气质量相对于其他时间段要好，PM2.5的值也相对较低。其次，晚间21~22时这个时间段，也是比较适合外出的。

开车出行有讲究

从环保角度考虑，在雾霾天气里，要尽量少开车或不开车以降低空气的污染指数。当然，从个人安全角度出发，雾霾天气也不适合开车。如果必须开车出行，应该特别注意以下几点。

1.尽量不开车窗

雾霾天气里，应尽量少打开车窗和天窗。虽然把车窗或天窗开启一条小缝隙能起到换气的效果，但这样同样会把可吸入的颗粒物带到车里，直接被人体吸收。

2.开启内循环

外界空气会通过空调系统进入车内，影响到车内空气质量。所以，在雾霾天气中，正确的做法是将空调设定为内循环，这样可以有效减少可吸入颗粒物的进入。

3.打开车灯

雾霾天气，空气的能见度会比较差，漂浮在空气中的微小颗粒会阻碍视线。所以，为了自己和他人的安全，务必在行车时打开车灯，至少要打开示宽灯提示其他车辆你的位置，如果能见度非常差，则应该打开前、后雾灯。

4.清理空气滤芯

雾霾天气结束后，车辆应该送入专业的汽修厂进行检修。如果不能做到这点，起码也应该及时清理一下空气滤芯和空调滤芯，以免微小颗粒沉积在滤清器上引发出气流量不畅，造成发动机瘫痪或影响空调出风。

5.调整开车心态

能见度差，车速变慢，交通变得拥堵。在这样的行车环境下，人很容易产生焦急、烦闷和压抑的心情。因此，应该调整好自己的心态。当车辆受阻不能前行时，不如选播几首自己平时喜欢的歌曲以放松心情，切勿长按喇叭或加塞抢行，否则除了使心情变得更加焦急外，不会有其他任何益处。

做好防护再外出

雾霾天气对人体健康的影响很大，因此，在雾霾天请尽量减少外出。如果实在必须外出，则应积极做好防护措施。具体包括以下几点。

1. 佩戴防霾口罩

雾霾天外出，首先要选择一款专业的防霾口罩。如果口罩已经使用过，则应在取出时检查一下有没有破损，洁净程度是否能达到再次使用的标准。

2. 穿上雾霾外套

部分雾霾天气里，空气湿度大，人从室外到室内会带着一身雾水和吸附在衣服上的PM2.5。这时，衣物上附着的PM2.5就会给室内造成“二次污染”。因此，在雾霾天气里，可以选择一款防雾霾外套或雨衣穿上。等到了上班场所或回到家里时，先别急着摘掉口罩，应先轻轻地脱下防雾霾外套，移至卫生间，再抖动外套上的雾水和颗粒物或直接进行清洗。离开卫生间后，再开启抽风系统并关上卫生间的门。

3. 一杯温热的益肺饮品

在雾霾天气里外出，必须为自己准备一个可以装温水的保温瓶用以饮水。在这个保温瓶里，我们可以为自己准备一壶简单的温水或百合糖水、沙参玉竹饮、罗汉果金银花茶等，能帮助我们肺部清污。

外出归来先做清洁

1 轻轻移步浴室

回家后第一件事情应该是尽可能减少动作的幅度，轻轻地移步浴室，避免身上的污染物随着自己的动作而大量遗落在地上，以免造成二次污染。

2 清理衣物

将外套轻轻脱下，放入洗衣篮子里或直接放入洗衣机里清洗。必须提醒的是，雾霾来袭时千万不要把洗净的衣物晾在屋外，否则衣服上将沾满灰尘、细菌、PM2.5等污染物。

3 清洁头发

清洁头发时口罩还不能摘除。我们取专用于雾霾天气的毛巾轻轻擦拭头发，长发女性应该将头发披散开，轻轻抖动头发。我们也可以借助吹风机清洁头发。当然，条件允许的话，我们可以摘掉口罩进行全身上下的洗浴。

4 清洁脸部

摘掉口罩，用手捧清水，让鼻腔轻轻吸进清水，然后再迅速擤鼻涕。此外，我们还可以用干净的棉签反复蘸水来清洁我们的鼻腔。接着，我们用毛巾或洁面乳来帮助我们清洁面部，最后是刷牙和漱口。

特殊人群的防护

雾霾来临时，每个人因工作性质、身体素质、身体结构等不同，而对雾霾污染的敏感反应度不尽相同。下面针对一些特殊人群，介绍他们在雾霾天的防霾方法。

儿童

儿童因身体发育不完全，雾霾天气中的灰尘、颗粒会通过孩子们的呼吸道直接侵害其健康，容易引起呼吸道疾病，如感冒、咳嗽、鼻炎、支气管炎、哮喘等发生。对儿童的防护应从以下几个方面进行。

①通过学校的宣传和知识普及，让儿童对雾霾天气以及对健康的影响有直接和感官认识。学校可以通过形象的视频、生动的图片以及浅显易懂的语言来给孩子们上“雾霾防护”的教育课。

②提高家长自身对孩子的防护意识。例如，可以随时关注天气状况及未来天气变化，以便在接送孩子上下学时给孩子做好防护措施。在这里，还要特别注意，雾霾较大时，尽量避免由老年人来接送孩子上下学，因为老年人的心血管和呼吸系统都很脆弱，若在雾霾严重时出行健康风险较大。

③减少室外活动。雾霾严重时，尽量减少儿童在室外的活动时间，改为室内活动，从而减少雾霾对儿童的影响，减少吸入空气中的颗粒物。

④在平时的生活中，毛绒玩具表面的灰尘、细菌较多，尽量少给孩子玩或尽量常清洗；让孩子的活动远离污染严重的交通干道；临街居住的，避免在交通高峰期开窗通风。在冬春季传染性疾病，例如流感等高发季节，可以提前给儿童注射疫苗。

孕妇

雾霾和环境污染是全球难题，作为备孕一族有什么应对办法呢？专家认为，雾霾无法改变，但可以注意避免，而做好个人防护依旧是防霾的重点。

注意休息

1 孕妇要适当休息，避免过度劳累，保证充足的睡眠，减少心理压力。同时，孕妇也不能一味休息，仍应适当活动，保持乐观的情绪。

营养搭配合理

2 合理的营养搭配不仅对胎儿的生长发育有举足轻重的作用，而且对孕妇本身的健康也大有益处。

(1)

多吃含锌食物

缺锌时，呼吸道防御功能下降，孕妇需要比平时摄入更多的含锌食物，如海产品、瘦肉、花生米、葵花子和豆类等食品都富含锌。

(2)

补充维生素 C

维生素 C 是体内有害物质过氧化物的清除剂，还具有提高呼吸道纤毛运动和防御的功能。富含维生素 C 的食物有番茄、柑橘、猕猴桃等。

提高室内空气的相对湿度

3 尤其是冬季，室内要注意保湿。多喝水对于预防呼吸道黏膜受损、感冒和咽炎有很好的效果，每天最好保证喝600~800毫升水。在地面洒水或放一盆水在室内，使用空气加湿器或负氧离子发生器等，以增加空气中的水分含量。

老年人

老人在室内时间较多，要格外注意清洁卫生，习惯用扫帚扫地的老人不妨改用吸尘器，地毯、抹布、沙发套等应及时清洗。煎、炒等传统的烹饪方式易产生大量油烟，污染室内空气，建议在家做饭多用蒸、煮等方式。

高龄人群和体弱多病者是呼吸系统和心血管系统疾病的易感人群，在污浊空气到来时，他们往往最先受损。建议这类人群可以在平时根据自身需要使用吸氧机来改善健康状况。不过老年人在用吸氧机改善健康状况时，若空气中的污染物增多，将会导致含氧量下降，单次呼吸的氧气将会减少，机体始终处于低氧环境下，不利于健康。

因此，平时有晨练习惯的老年人，最好在雾霾天将室外的晨练转移至室内。同时，饮食要尽量清淡，少吃刺激性食物，多喝水。

室外作业人员

雾霾天气里，对于需要长时间在室外工作的作业人员，例如建筑工人、环卫工人、交警等，他们暴露在雾霾中的时间更长，对雾霾的接触量更大。因此，强调和关注室外作业人员对雾霾天气的防护是十分必要的。

①佩戴防护工具，例如防霾口罩。参照前面提到的口罩的选择原则、佩戴方法及清洗事项。

②回家后，脱掉被污染的衣物，清洗脸部、头发和裸露的皮肤，最好洗个澡，将附着在身上的有害物质颗粒冲洗干净。增加换班次数来减少室外暴露时间。

慢性疾病人群

雾霾，对于患有哮喘、慢性支气管炎、慢性阻塞性肺病等呼吸系统疾病的人群会引起气短、胸闷、喘憋等不适，可能造成肺部感染，或出现急性加重反应。糖尿病患者因自身抵抗力较弱，更易患感冒。PM2.5对心脑血管疾病等慢性病患者有较大的破坏力，会增加心脏病患者的心脏负担，诱发心肌梗死等。

雾霾天最好减少外出，外出时建议佩戴防护效果相对较好的口罩。但是，不是人人都适合戴口罩。

呼吸道疾病患者特别是呼吸困难的人，戴上口罩后反而人为地制造了呼吸障碍；心脏病、肺气肿、哮喘患者不适合长时间戴口罩。有慢性病的患者，建议避免在清晨雾气正浓时出门购物、参加各种户外活动，要多饮水，注意休息。若身体出现不适，要尽快前往医院就医。由于大雾天气压较低，高血压和冠心病患者不要剧烈运动，避免诱发心绞痛、心衰。

CHAPTER

— 3 —

轻松好做，饮食中的防霾策略

雾霾通过呼吸道侵入人体，
不仅会导致口、鼻、支气管、肺等呼吸道受损，
还会导致体内毒素积累越来越多，
对健康非常不利。
食材中的营养丰富，
有的食材富含能增强人体免疫力的成分，
有的则能修复受损组织，排除毒素……
本章将向大家介绍如何通过饮食来防霾抗霾。

防霾饮食这样吃

空气不好多喝水，润肺、排毒双管齐下

1. 每天多饮水，清扫体内霾毒

众所周知，血液对人体的作用巨大，它能将消化道吸收来的营养物质和从肺泡吸入的氧气，运送到全身各组织细胞，并将细胞代谢所产生的二氧化碳及其他废物，如将尿酸、尿素、肌酸等，运送到肺、肾、皮肤等排泄器官，排出体外。另外，在血液之中存在大量的白细胞、巨噬细胞、单核细胞和各种抗体、补体，所以血液具有强大的免疫功能，常常充当着人体的卫士，抵抗体内和外界各种有毒物质的侵袭。这也可以解释为什么血液的优劣直接关系到人体的健康状况。

可是，时下的雾霾状况比较严重，持续不散的雾霾天气让我们的血液质量迅速下降。雾霾天气中携带的细小颗粒物，如PM2.5等可直接进入血液，对人体伤害极大。要想保持血液系统的稳定，每天多喝水是最简洁、方便的方法。喝水可以稀释血液，使有毒物质尽快排出体外，还能防止雾霾引发血脂过高、血液黏稠等症状。

喝水除了具有上述作用外，还有一个重要的用途，就是提高肺的自净能力。中医认为“肺喜润而恶燥”，通俗一点说，就是我们的肺脏喜湿而不喜干。为什么呢？原因是肺是一个开放的系统，从鼻腔到器官再到肺，构成了气的通路。肺通过呼吸，随时与大气接触并进行交换，把氧吸入血液，再把二氧化碳呼出体外。可是，随着气的排出，肺内的水分也会随着散失一部分，而干燥的空气更容易带走水分，所以肺是“喜润”的。如果人体处于脱水状态，小支气管内的痰液变得黏稠不易咳出，甚至堵塞，就会影响第一道防线的屏障功能，引起肺部和支气管的炎症，进而导致呼吸系统受损。那怎么办？从内部调养，给它足够的水分。

2. 如何补水才健康

主动补水，最好是喝白开水。研究证明，白开水对人体的新陈代谢有着十分理想的生理活性作用。白开水很容易透过细胞膜而被身体吸收，使人体组织中乳酸脱氢酶的活力增强。晨起补水，尤为重要。最好每天早晨起床来一杯白开水，因为经过一夜的睡眠、排尿、皮肤蒸发及口鼻呼吸等，使不少水分流失，人体已经处于脱水状态，小支气管内的痰液已变得黏稠不易咳出了，所以清晨饮水可缓解呼吸道缺水情况。到了秋、冬季，天气干燥，空气污染严重，这时更需要多喝白开水。饮水量因人、因时而异，一般以每天2000毫升为宜。

生活中除了喝白开水补水外，还有其他的一些补水方法：

喝矿泉水便是利用水进行保健至关重要的一环。矿泉水中含有人体必需的、丰富的常量元素和微量元素，并且其本身不含任何热量，所以饮用矿泉水是一个理想的矿物质补充源。但需要注意，现在市面上很多矿泉水中的矿物质含量都超标，我们在购买时要选择正规厂家出品的品牌矿泉水。

吃菜也是一种补充水分的重要途径。但蔬菜中的各种维生素，一经受热，或多或少都会损失，所以，最好能适当地生吃一些蔬菜。比较常见的生吃蔬菜的方式是饮用菜汁。不同的蔬菜有不同的取汁办法，比如西红柿等果肉比较多的食物，可采用“糖渍法”，即将糖洒在西红柿上，糖具有很强的渗透力，能渗透到蔬菜的细胞内，菜汁就会自动流出；对于芹菜、白萝卜、胡萝卜、莲藕等纤维较多的蔬菜，要先将其切碎，再放入榨汁机中进行榨汁。

清淡饮食，减少膏粱厚味的摄入

1. 清淡饮食≠完全吃素

很多人认为“清淡”就是完全吃素，于是每日以蔬菜为主，一点不沾荤腥，这种做法完全曲解了“清淡”二字的含义。其实，清淡饮食不等于完全吃素，而是指“少吃油腻”。

我们每天都需要大量的蛋白质和一些脂肪酸来维护细胞的生存。体内很多酶的合成都离不开蛋白质和脂肪酸，没有它们，会使内分泌系统紊乱，造成免疫力下降。

在素食中，除了豆类含有丰富的蛋白质外，其他食物中的蛋白质含量均很少，而且营养价值较低，不易被人体消化吸收和利用。而诸如鸡、鸭、鱼、肉之类的荤食，却能够成为营养的重要来源，为人体的生长发育和代谢过程提供大量的优质蛋白和必需的脂肪酸。尤其是鱼类中含有非常丰富的优质蛋白和能够降低血脂的多种不饱和脂肪酸，以及人体容易缺乏的维生素和微量元素。

由此可见，身体健康的主要因素不在于吃荤吃素，而在于吃什么和吃多少。营养均衡、全面才是健康饮食的唯一标准。

2. 低脂又美味的绿叶菜

生活中，很多年轻人都明白清淡饮食的重要性，不过在动筷子时总觉得清汤清水难以下咽。所以他们往往“清淡”了几天，便又将饮食结构打回原形。那么，有没有什么好方法做到美味与健康兼顾呢？其实，只要将做菜的方法稍做调整就可以达到这个目的。以下，就为大家介绍几种低脂又美味的绿叶菜吃法。

白灼：先烧水，烧开后放入1匙油，把蔬菜洗净，分批放进滚沸的水里，盖上盖子焖约半分钟。再次滚沸后立即捞出，摊在大盘中凉凉。在锅中加1匙油，按喜好炒香葱、姜、蒜等调料，倒入适量清水，再加鲜味酱油或豉油2匙，淋在菜上即可。还可以按照个人喜好加入胡椒粉、辣椒油、鸡精、熟芝麻等来增加风味。这种方法简便快速，菜色鲜亮，脆嫩爽口，菜没有难嚼感。

炒食：锅中放2匙油，加入一些香辛料，如葱、姜、蒜或者花椒、茴香等，可让绿叶蔬菜一下子变得格外美味。香辛料下锅用中小火稍微煸1分钟，让香气溶入油中。然后转大火，立刻加入蔬菜翻炒，通常也就炒两三分钟，快熟时加入精盐。也可以在起锅时关火，按自己的喜好加入鸡精、味精、生抽、酱油等提香。其实只要火候掌握得好，不加味精也好吃。

煮食：先烧半锅水，加入2匙香油。可以按喜好加入香辛料，水开后加入特别容易煮的青菜，比如蒿子秆、鸡毛菜、嫩苋菜之类。煮两三分钟，关火调味，按口味加入精盐和鸡精等。

看完以上烹饪方法，有没有觉得不油腻的菜很容易操作，而且美味健康呢？用上述烹饪方法还会减少厨房雾霾对人体的损害，可谓好处多多。所以，改变一下自己的口味，化厚味膏粱为清淡吧！

远三白，近三黑，没事还要吃点红

1. 什么是“远三白”

所谓的“三白”，指的是盐、白糖、猪油，“远三白”就是这三样东西要少吃。尽管我们知道少盐的好处，但“咸”仍旧是饭局上最难以抵挡的感官诱惑。我们不妨通过以下方法改善食盐过多的毛病。

餐时加盐法便是一种非常健康的食盐法。即在烹调时少加盐或不加盐，而在餐桌上放一小瓶盐，等炒菜、汤饮烹调好端到餐桌上后再放盐。这是控制吃盐的有效措施，因为就餐时放的盐主要附着在菜肴的表面，来不及渗入其内部，所以吃起来味道很浓，这样，既照顾到口味，又在不知不觉中控制了食盐量。

白糖在饮食界必不可少，但是在很多营养学家看来其对健康非常不利。我们都知道吃多了糖会导致蛀牙或令人肥胖，其实糖远远比我们所知道的要危险得多：白糖会抢走你身体里的B族维生素，扰乱人体的神经系统，破坏体内钙质的新陈代谢，进而诱发龋齿、口腔黏膜炎、糖尿病、骨质疏松、动脉粥样硬化等。

很多家庭喜欢用猪油炒菜，因为猪油中有肉的味道，所以菜肴在它的作用下变得可口。可是这美味背后暗藏着诸多危险，您不可不防！由于猪油是一种高能量、高胆固醇食品，非常容易引发肥胖。猪油中的饱和脂肪酸还会增加心血管疾病的发病率。其实，我们在平常饮食中一般不缺乏动物性脂肪，因此建议不要过多地摄入猪油，比如菜籽油就是很好的替代品。尤其是中老年人，本身心脑血管已经很脆弱，再用猪油烹饪，根本不益于健康长寿。

2. 什么是“近三黑”

所谓的“近三黑”，就是经常食用这三种食物：黑木耳、紫菜和黑米。这三种都属于黑色食品，属于含有天然黑色素的食品。由于含有天然黑色素，其色泽呈乌黑或深紫、深褐色。现代医学研究发现，黑色食物中所含营养素比值均衡、结构合理，能够调养各种生理功能，属于天然多功能药食。特别富含我国膳食结构中容易缺乏的核黄素，常吃这些食物对纠正膳食中钙、磷比例失调大有益处。

常吃黑木耳能起到清理消化道、清胃涤肠的作用。特别是对从事矿石开采、冶金、水泥制造、理发、面粉加工、棉纺毛纺等空气污染严重工种的工人，经常食用黑木耳能起到良好的保健作用。另外，黑木耳中还含有丰富的纤维素和一种特殊的植物胶原，这两种物质有利于体内大便中有毒物质的及时清除和排出，从而起到预防直肠癌及其他消化系统癌症的作用。

现代医学认为，多食紫菜具有减少胆固醇及软化血管的作用，可促进大脑发育，有抗恶性贫血的效能，对治疗夜盲症、食欲缺乏、发育障碍等有良效。黑米最大的优点得益于它的“黑”，即它外部皮层中含有花青素、叶绿素和黄酮类的植物化学物质，这些物质与硒、胡萝卜素等一样都具有很强的抗氧化性，最宜在雾霾天食用。

3. 什么是“吃点红”

红色食品是指食品为红色、橙红色或棕红色的食品。专家认为，多吃些红色食品可预防感冒。红色食物大都是富含天然铁质的食物，例如我们常吃的樱桃、大枣等都是贫血患者的天然良药，也适合女性经期失血后的滋补。另外，常吃红色食物有益于保护心血管。

红色食物有红柿椒、西红柿、胡萝卜、山楂、苹果、草莓、大枣、老南瓜、红米等。在所有的果蔬当中，人们呼声最高的莫过于苹果。我国民间有这样一种说法，“一日一苹果，疾病远离我”。因为苹果性情温和，含有各种维生素和微量元素。

■ 豆制品是营养药，强身健体就靠它 ■

1. 豆制品的营养价值

豆浆、豆腐、豆豉、豆瓣酱、酱油、豆腐干、臭豆腐、腐乳、腐竹……它们都有一个共同的名字——豆制品。在五谷中，谁也没有大豆这般多姿多彩的百变“豆”身。

大豆的营养十分丰富，所含的蛋白质被公认为人体所需的优质蛋白，大豆还含有大量不饱和脂肪酸、钙、多种维生素及多种生物活性物质，而这些成分具有抗氧化、延缓衰老、改善胃肠功能、降血压、调节血脂等作用。因此，《中国居民膳食指南》大力提倡进食豆类，建议每人每天摄入30~50克大豆或相当量的豆制品。

大豆加工成豆腐、豆浆后可明显提高蛋白质的消化吸收率，豆腐中蛋白质的消化吸收率可达到90%以上；豆浆的蛋白质消化率可达84.9%。将豆腐和肉、蛋类食物一起搭配，可以补充蛋氨酸，提高豆腐蛋白质的营养利用率。

2. 豆腐怎么做才最有营养

用豆腐做菜，口味可浓可淡，和所有食材几乎都能搭配。不过在众多食材中，豆腐还是有几个“黄金搭档”，下面我们一起了解一下。

利于蛋白质吸收

豆腐富含植物蛋白质，但蛋白质氨基酸的含量和比例不是非常合理，也不是特别适合人体消化吸收。如果在吃豆腐的同时加入一些蛋白质质量非常高的食物，就能和豆腐起到互补作用，使得豆腐的蛋白质更好地被人体消化吸收利用。而这些高质量蛋白质的食物，就非肉类和鸡蛋莫属了。

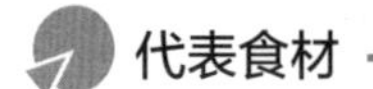

能防病治病

豆腐中膳食纤维缺乏，而青菜和木耳中都富含膳食纤维，正好能弥补豆腐的这一缺点。另外，木耳和青菜还含有许多能增强免疫力、预防疾病的抗氧化成分，搭配豆腐食用，抗病作用更好。但菠菜、苋菜等蔬菜中的草酸含量高，应先焯一下，再和豆腐烹调，以免影响豆腐中钙的吸收。

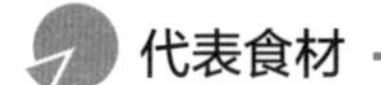

帮助钙吸收

豆腐含钙非常丰富，但要搭配维生素D含量丰富的食物才能更有效地发挥作用。因此，含有丰富维生素D的蛋黄，动物内脏如肝脏、血液等，对增加豆腐中钙的吸收有很好的作用。

代表食材

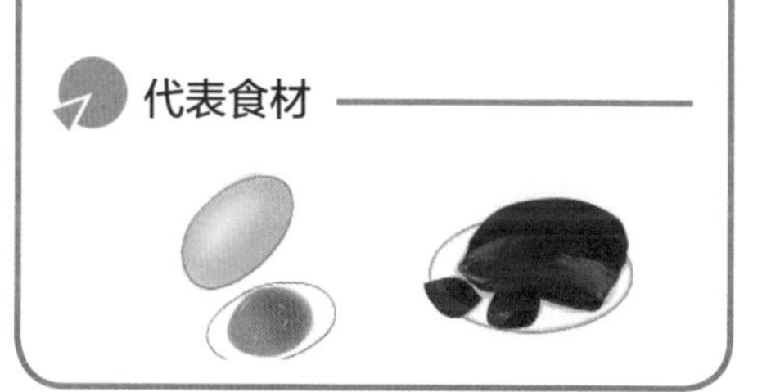

有助于补碘

豆腐对预防动脉粥样硬化有一定的食疗作用。这是因为豆腐中含有一种叫皂苷的物质，能防止引起动脉粥样硬化的氧化脂质产生。但是皂苷却会带来一个麻烦，引起体内碘排泄异常，如果长期食用可能导致碘缺乏。所以，吃豆腐时加点海带、紫菜等含碘丰富的海产品一起做菜，就两全其美了。

代表食材

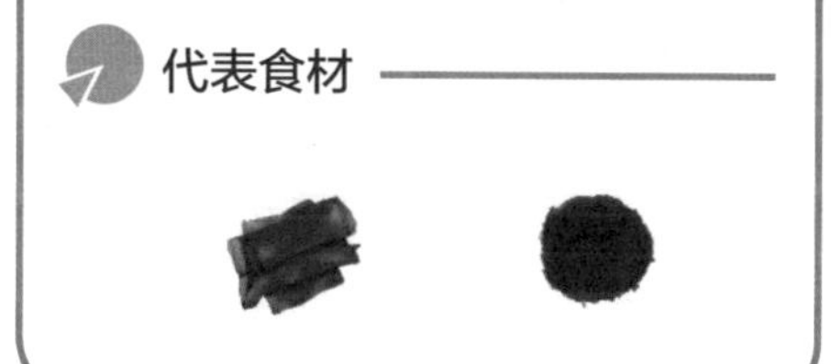

3. 每天一杯豆浆，降低雾霾伤害

雾霾天气对我们的身体直接或间接的作用都会产生自由基。自由基对酶蛋白活性有破坏作用，能加速细胞的衰老，使人更容易患病，所以清除自由基是每个人都应该重视的问题。

清除自由基目前最好的方法就是提高人体抗氧化能力，通过提高人体抗氧化能力来降低体内自由基的积蓄。而豆浆就是一种天然抗氧化剂，它含有异黄酮，这种物质的抗氧化功效很好，且具有弱雌性激素的作用。想要防止自由基对人体的伤害，我们不妨每天喝一杯豆浆。

■ 补充酵素，为身体来一次“大扫除” ■

1. 生活中的排毒明星——酵素

雾霾大气环境下，空气中的有害物质浓度高，污染严重，很多污染物都会被我们吸入身体，那么我们该如何将这些对身体有害的物质排出体外呢?

说到排毒就不得不说起目前美容保健产品中的新星——酵素。酵素又称为酶，是一类由多种氨基酸、维生素及矿物质等组成的具有特殊生物活性的“小精灵”。虽说它的“个头”非常小，大约只有1毫米的一亿分之一，只有借助于X射线才能看清它的真面目，但你却能实实在在地感受到它的存在。比如，刚刚榨好了一杯鲜果汁，上面漂浮的一层小泡沫，看起来既不好看，口感也差强人意，殊不知，那层泡沫就是酵素；又如，很多人都喜欢吃烤红薯胜过煮红薯，因为前者味道甜、口感好，这其实是由于酵素的原因，因为烤红薯的过程可以促进红薯的淀粉酵素将淀粉分解成葡萄糖而产生甜味；再如，大家都吃过腌制的泡菜，甜酸可口，让人食欲大开，这也是酵素在暗中相助。可见，听起来陌生的酵素其实一直存在于我们的身边。

2. 生活的源泉，健康的救星

有人把酵素比作“生命的源泉”“健康的救星”，此类比喻一点也不过分。人体几乎所有的生命活动过程，从腺体的分泌到免疫系统的正常运行，都有酵素的功劳。比如，酵素中的消化酵素（包括蛋白酵素、淀粉酵素、脂肪酵素等），可以促进食物在人体内的消化和吸收；分布于唾液、泪液与鼻液中的溶菌酵素，可以有效保护我们的

口腔、眼睛、鼻腔等与外界相通的器官免受各种病菌的侵袭；分布于血液中转移酵素，能将有害物质转化为尿液排出体外，维持血液的纯净；而脂肪酵素则可以分解、燃烧脂肪，保持形体适中，防止过度肥胖。各种酵素广泛地活跃于人体中，忠实地践行着各自独特的生理使命。一个人的体内酵素越多，他的免疫力就越强，排毒能力就越好，身体也越健康。各种酵素各司其职，促进血液循环，排出体内的废物和有毒气体，进而将黏稠的血液净化为清新的血液，使机体保持活力。

正常情况下，人体的酵素完全能自给自足，不过，随着空气污染、水源污染、辐射、农药污染的日益恶化，以及人们饮食习惯错误、滥用药物和年龄老化，导致我们体内的酵素渐渐亏损，出现“供不应求”的局面。酵素缺乏直接导致人体的新陈代谢变慢，排毒消化力减弱，若不小心吸入了PM2.5等污染物，则久久不能排出来。当毒素堆积得越来越多且人体内的酵素减到无法满足新陈代谢的需要时，人就会生病，甚至死亡。因此，要想从根源上阻挡雾霾天气对人体健康的影响，为身体补充酵素才是关键所在，而获取外源性酵素的捷径之一就是多吃富含酵素的食物。

3. 富含酵素的明星食材

(1) **发酵食品**

泡菜、酸菜、酱油、醋、馒头、醪糟、纳豆、面包、面酱、酵母等。

(2) **五谷类**

玉米、大米、小麦、薏米、豌豆、赤小豆、大豆。

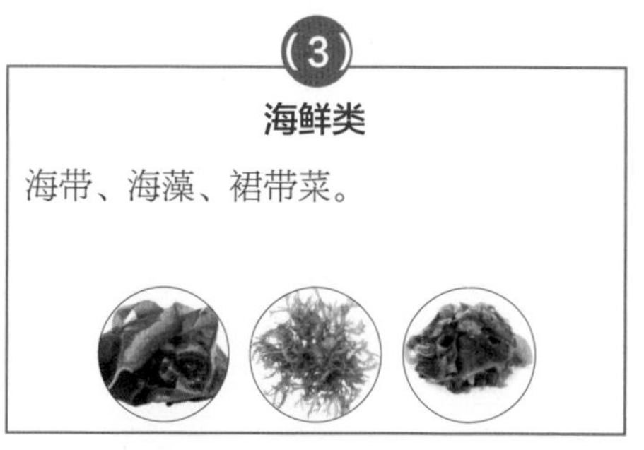

(3) **海鲜类**

海带、海藻、裙带菜。

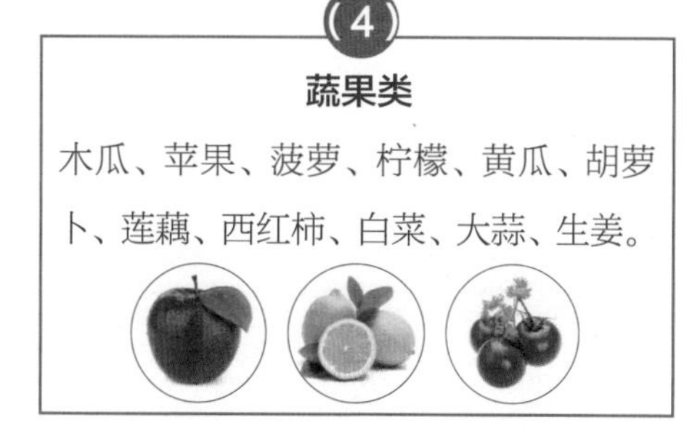

(4) **蔬果类**

木瓜、苹果、菠萝、柠檬、黄瓜、胡萝卜、莲藕、西红柿、白菜、大蒜、生姜。

雾霾天里，若能在均衡营养的基础上将这些明星食材安排在自己的一日三餐中，补充酵素、排出体内毒素的效果将“更上一层楼”。

防霾抗霾中的饮食智慧

增强身体免疫力食谱

雾霾天气的形成，与季节、水汽饱和度、空气悬浮颗粒和空气质量的恶化都有关系。要想从根本上抵御雾霾的侵害，最好的方法就是增强自身的免疫力。只要身体免疫力增强了，便可有效增强抗病能力，保持身体健康。

什么是免疫力呢？免疫力是人体自身的防御机制，是人体识别和消灭外来入侵异物（如病毒、细菌、污染物等），处理衰老、损伤、死亡、变性的自身细胞及识别和处理体内突变细胞和病毒感染细胞的能力。雾霾天气完全是考验个人身体素质的时候，身体免疫力低下怎么抗霾呢？

提高免疫力有很多种方法，最实在的无非两点

第一，就是确保睡眠充足

时下，很多年轻人经常熬夜加班，因为睡眠不足和劳累过度，再加上雾霾天气，身体素质大不如以前。要改变这种现状，就应该马上调整睡眠，无论怎么忙，也不要让自己欠下“睡眠债”。因为人进入睡眠状态后，机体各种有益于增强免疫功能的程序也随即开启。如果每日睡眠少于8小时，患病的概率就大大增加。

第二，就是合理饮食

医学研究证明，适当的摄取对免疫力有特殊影响的营养物质，可以有效增强人体的免疫力。比如，摄入富含西红柿红素的食物，人患胰腺癌、肠癌、前列腺癌和乳腺癌的风险就越小；而摄入富含胡萝卜素的食物，则能保护人体少受有害紫外线的辐射。可见，食物与免疫能力有着密切的关系。

如果你的身体素质不是太好，平时特别容易生病，那么，今天起就要科学饮食了。以下是9道简单易学的食谱，赶快动手做起来吧！

芝麻蔬菜沙拉

[原料]

生菜…40克
黄瓜…60克
圣女果…40克
熟白芝麻…10克
酸奶…15克

[调料]

沙拉酱…适量

[做法]

❶ 洗净的圣女果对半切开。
❷ 洗净的黄瓜对半切开，切成片，待用。
❸ 洗好的生菜撕成小块，装入碗中，加入黄瓜、圣女果，搅拌匀。
❹ 取一个盘子，摆上黄瓜片。
❺ 倒入拌好的食材，倒入备好的酸奶。
❻ 挤上沙拉酱，撒上白芝麻即可。

白芝麻含有蛋白质、糖类、维生素A、维生素E等营养成分，具有滋润皮肤、增强免疫力、润肠通便等功效。

金针菇炒羊肉卷

[原料]

羊肉卷…170克
金针菇…200克
干辣椒…30克
姜片、蒜片、葱段、
香菜段…各少许

[调料]

料酒…8毫升
生抽…10毫升
盐…4克
蚝油…4毫升
水淀粉…4毫升
老抽…2毫升
鸡粉…2克
白胡椒粉…适量
食用油…适量

[做法]

❶ 洗净的羊肉卷切成片；洗净的金针菇切去根部。
❷ 羊肉片中加料酒、生抽、盐、白胡椒粉、水淀粉，拌匀，腌渍片刻。
❸ 锅中注水烧开，倒入金针菇，氽至断生，捞出；再倒入羊肉片，氽去杂质，捞出。
❹ 油爆姜片、蒜片、葱段，倒入干辣椒、羊肉片，炒匀，放入料酒、生抽、老抽、蚝油，炒匀。
❺ 倒入金针菇，翻炒片刻，加盐、鸡粉调味，放入香菜段，翻炒出香味即可。

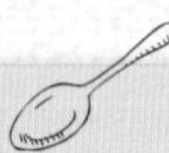

金针菇含有蛋白质、B族维生素、亚麻油酸、多糖及丰富的纤维素，可增强免疫力、对抗病毒、消除疲劳、促进新陈代谢、改善虚弱体质。

酱炒平菇肉丝

[原料]

平菇…270克
瘦肉…160克
姜片…少许
葱段…少许

[调料]

盐…2克
鸡粉…3克
水淀粉…适量
料酒…适量
食用油…适量
黄豆酱…12克
豆瓣酱…15克

[做法]

❶ 洗净的瘦肉切成丝，加料酒、盐、水淀粉、食用油，腌渍约10分钟。
❷ 锅中注水烧开，倒入平菇，焯至断生，捞出。
❸ 用油起锅，倒入瘦肉丝，炒匀至转色，放入姜片、葱段，炒香。
❹ 加入豆瓣酱、黄豆酱炒匀，放入平菇炒匀。
❺ 加入盐、鸡粉，炒匀，倒入水淀粉，翻炒约2分钟至入味。
❻ 关火后将炒好的菜肴装入盘中即可。

平菇含有胡萝卜素、B族维生素、维生素C及多种氨基酸、矿物质，具有益气补血、增强免疫力、益肠胃等功效。

双瓜黄豆排骨汤

[原料]

冬瓜…150克
苦瓜…80克
水发黄豆…85克
排骨段…150克
姜片…少许

[调料]

盐、鸡粉…各少许

[做法]

❶ 将洗净的冬瓜切块；洗好的苦瓜切开，去子，再切小块。
❷ 锅中注水烧开，放入洗净的排骨段，氽一会儿，去除血渍后捞出。
❸ 砂锅中注水烧开，放入排骨、冬瓜块、苦瓜、黄豆，撒上姜片，搅散。
❹ 盖盖，烧开后转小火煲煮至食材熟透。
❺ 揭盖，加入盐、鸡粉，搅匀，续煮一小会儿。
❻ 关火后盛出排骨汤，装在碗中即可。

苦瓜含有膳食纤维、灰分、胡萝卜素、维生素B_2、烟酸、钾、钠、钙、镁、铁等营养成分，具有防癌抗癌、抗菌、消炎、抗病毒等作用。

海鲜鸡蛋炒秋葵

[原料]

秋葵…150克
鸡蛋…3个
虾仁…100克

[调料]

盐、鸡粉…各3克
料酒…适量
水淀粉…适量
食用油…适量

[做法]

❶ 洗净的秋葵切去柄部，斜刀切小段；处理好的虾仁切成丁状，放入碗中。
❷ 取一碗，打入鸡蛋，加入盐、鸡粉，搅散。
❸ 虾仁中加盐、料酒、水淀粉，腌渍10分钟。
❹ 用油起锅，倒入虾仁，炒至转色，放入秋葵炒熟，盛出装盘。
❺ 用油起锅，倒入鸡蛋液，放入炒好的秋葵和虾仁。
❻ 翻炒约2分钟至食材熟透即可。

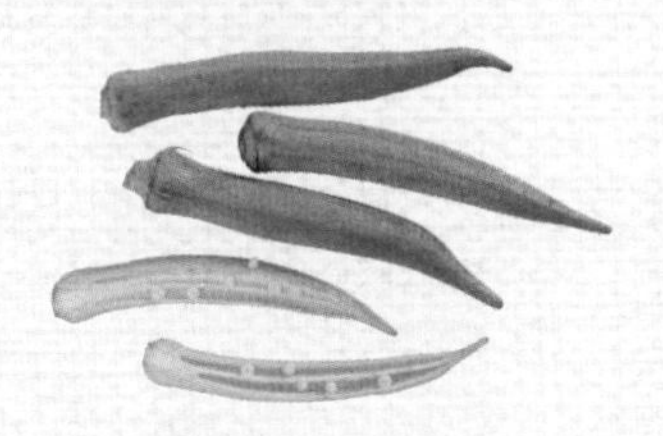

秋葵含有糖类、纤维素、维生素A、维生素C、维生素E及镁、钙、钾、磷等营养成分，具有保肝护肾、帮助消化等功效。

虾仁鸡蛋卷

[原料]

鸡蛋…4个
紫菜…25克
虾仁…65克
胡萝卜…55克

[调料]

盐、鸡粉…各2克
白糖…3克
料酒…4毫升
生粉…适量
食用油…适量

[做法]

❶ 将洗净的虾仁切碎；去皮洗净的胡萝卜切成丁。
❷ 取3个鸡蛋，制成蛋液；余下的1个鸡蛋取蛋清，加生粉，制成蛋白液。
❸ 取一个碗，倒入胡萝卜丁、虾仁丁，加料酒、盐、白糖、鸡粉、生粉，腌渍片刻，制成馅料。
❹ 煎锅注油烧热，倒入蛋液，煎成蛋皮，盛出放凉后铺开，放上紫菜、馅料，卷成蛋卷，抹上蛋白液，封紧口，制成蛋卷生坯，摆放在蒸盘中。
❺ 蒸锅上火烧开，放入蒸盘，用中火蒸熟即可。

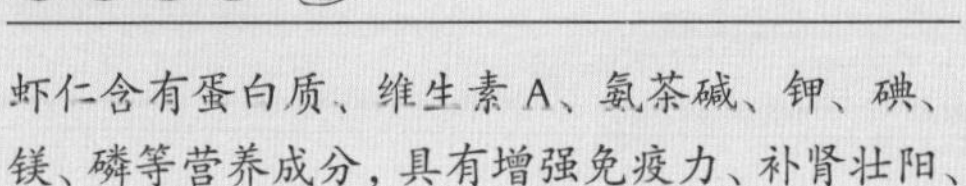

虾仁含有蛋白质、维生素A、氨茶碱、钾、碘、镁、磷等营养成分，具有增强免疫力、补肾壮阳、理气开胃等功效。

酱香开屏鱼

[原料]

鲈鱼…700克
香葱…15克
红椒…10克
姜丝、大枣…各少许

[调料]

黄豆酱…5克
蒸鱼豉油…15毫升
盐…2克
料酒…8毫升
食用油…适量

[做法]

❶ 摘洗好的香葱捆好切成细丝；洗净的红椒切成圈；处理好的鲈鱼切成小段。
❷ 取一个大盘，先摆上鱼头，将大枣放入鱼嘴里，将鱼块摆成孔雀尾状，放上盐、姜丝，淋入料酒。
❸ 将蒸鱼豉油倒入黄豆酱内，搅匀成酱汁。
❹ 蒸锅上火烧开，放入鲈鱼，大火蒸10分钟至熟。
❺ 将鱼取出，剔去多余姜丝，浇上黄豆酱汁，放入葱丝、红椒丝。
❻ 锅中注油烧热，将热油浇在鱼身上即可。

鲈鱼含有蛋白质、维生素A、B族维生素、钙、镁等成分，具有开胃消食、增强免疫力、补中益气等功效。

蛋白鱼丁

[原料]

蛋清…100克

红椒…10克

青椒…10克

脆皖鱼…100克

[调料]

盐…2克

鸡粉…2克

料酒…4毫升

水淀粉…适量

[做法]

❶ 洗净的红椒、青椒切开，去子，切成小块，待用。

❷ 处理干净的鱼肉切成丁，加盐、鸡粉、水淀粉，拌匀，腌渍10分钟至其入味。

❸ 热锅注油，倒入鱼肉、青椒、红椒，翻炒均匀。

❹ 加入少许盐、鸡粉、料酒，炒匀调味。

❺ 倒入备好的蛋清，快速翻炒均匀。

❻ 关火后将炒好的菜肴盛入盘中即可。

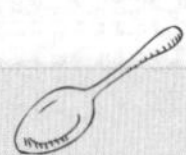

脆皖含有蛋白质、灰分、不饱和脂肪酸、钙、磷等营养成分，具有增强免疫力、美容养颜等功效。

冬菜蒸牛肉

[原料]

牛肉…130克
冬菜…30克
洋葱末…40克
姜末…5克
葱花…3克

[调料]

胡椒粉…3克
蚝油…5毫升
水淀粉…10毫升
芝麻油…少许

[做法]

❶ 将洗净的牛肉切片，加蚝油、胡椒粉、姜末、冬菜、洋葱末、水淀粉、芝麻油，拌匀，腌渍片刻。
❷ 转到蒸盘中，摆好造型。
❸ 备好电蒸锅，烧开水后放入蒸盘。
❹ 盖上盖，蒸约15分钟，至食材熟透。
❺ 断电后揭盖，取出蒸盘，趁热撒上葱花即可。

抗霾功效

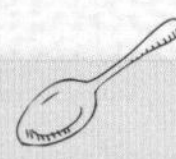

牛肉含有蛋白质、膳食纤维、维生素E、钙、磷、钾、钠、镁、锌、硒、铜等营养成分，具有益气、补脾胃、强筋壮骨等作用。

选对食谱，给呼吸道装上“防护带”

呼吸道是人体抵御病毒侵袭的一扇大门。在雾霾天里，人们最容易被呼吸道感染所纠缠，这是因为吸入空气中的有害物质导致咽部和气管黏膜的损伤，进而很容易引发细菌感染。常见的有急性扁桃体炎、慢性气管炎、慢性支气管炎、肺炎、慢性咽炎等。因此，远离呼吸道疾病的侵扰，是雾霾天气保健的重中之重。

许多人有晨练的习惯，并且常年坚持，风雨无阻。但遇上雾霾天气一定要停止室外晨练。因为在晨练时，人体需要的氧气量增加，随着呼吸的加深，空气中的有害物质会被吸入呼吸道，从而危害健康。可以改在太阳出来后再晨练，因为即使再大的雾，遇到太阳也会在很短的时间内消散。如果雾天太阳一直不露面，取消一次锻炼计划也是可行的，也可以改为室内锻炼。从太阳出来的时间推算，冬天室外锻炼比较好的时间段是上午9点以后。

“雾霾模式”下如何保护呼吸道

第一，吐纳法

双手合十胸前，然后两手臂向前伸直，再慢慢抬举至头顶，一边做动作一边进行“吸一呼三”和“吸三呼一”的吐纳法，即吸一口气分成三次呼出，吸三口气做一次长呼。把一口气变成多口气来锻炼，这样可增强呼吸道的免疫功能，增大肺活量，增强人体的耐缺氧能力。

第二，多喝清肺润肺的茶

罗汉果茶可以防治雾天吸入污浊空气而引起的咽部瘙痒，有润肺的良好功效。尤其是午后喝效果更好。因为清晨的雾气最浓，中午差不多就散去，人在上午吸入的灰尘杂质比较多，午后喝就能及时清肺。

在冬季雾霾天气里要注意防护，这在一定程度上可以帮助有呼吸道疾病的患者减少疾病加重的风险，改善患者的生活质量。如果病情一旦出现变化，“早就医、早诊断、早治疗”则是不变的准则。

咖喱海鲜南瓜盅

[原料]

熟南瓜盅…1个
去皮土豆…200克
鱿鱼…250克
洋葱…80克
虾仁…50克
咖喱块…30克
椰浆…100毫升
香叶、罗勒叶…各少许

[调料]

盐…2克
鸡粉…3克
水淀粉、食用油…各适量

[做法]

❶ 洗净的土豆切丁；洗好的洋葱切小块。
❷ 处理好的鱿鱼打上十字花刀，切小块；洗净的虾仁横刀切开，但不切断，去掉虾线。
❸ 锅中注水烧开，倒入土豆，焯片刻，捞出，再倒入鱿鱼、虾仁，焯片刻，捞出。
❹ 起油锅，放入咖喱块拌至溶化，倒入洋葱、香叶，拌匀，加椰浆、土豆、虾仁、鱿鱼，炒匀。
❺ 加盐、鸡粉，烹煮入味，加入水淀粉拌匀，盛出，装入熟南瓜盅，放上罗勒叶即可。

土豆含有胡萝卜素、维生素 B_1、维生素 B_2、维生素 C、无机盐及钙、铁、磷等营养成分，具有健脾止泻、增强免疫力等功效。

生菜南瓜沙拉

[原料]

生菜…70克
南瓜…70克
胡萝卜…50克
牛奶…30毫升
紫甘蓝…50克

[调料]

沙拉酱…适量
西红柿酱…适量

[做法]

❶ 洗净去皮的胡萝卜切丁；洗净去皮的南瓜切丁；择洗好的生菜切成块；洗净的紫甘蓝切丝。
❷ 锅中注入清水烧开，倒入胡萝卜、南瓜，汆至断生。
❸ 倒入紫甘蓝，搅匀，略煮片刻，将食材捞出放入凉水中，冷却后捞出。
❹ 将汆好的食材装入碗中，放入生菜，搅匀。
❺ 取一个盘，倒入蔬菜、牛奶，挤上适量的沙拉酱、西红柿酱即可。

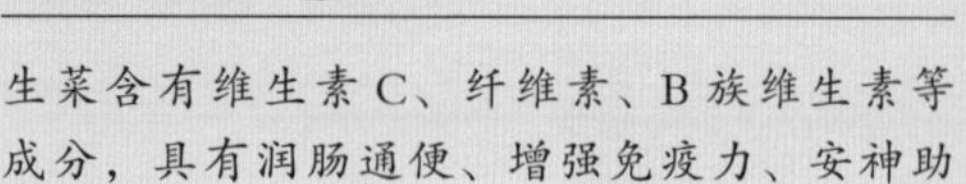
生菜含有维生素C、纤维素、B族维生素等成分，具有润肠通便、增强免疫力、安神助眠等功效。

桂花蜂蜜蒸萝卜

[原料]

白萝卜片…260克

蜂蜜…30克

桂花…5克

[做法]

❶ 在白萝卜片中间挖一个洞。

❷ 取一盘，放好挖好的白萝卜片，加入蜂蜜、桂花，待用。

❸ 取电蒸锅，注入适量清水烧开，放入白萝卜。

❹ 盖上盖，将食材蒸15分钟。

❺ 揭盖，取出白萝卜。

❻ 待凉即可食用。

白萝卜含有膳食纤维、胡萝卜素、铁、钙、磷等营养成分，具有清热生津、凉血止血、消食化滞等功效。

猕猴桃大杏仁沙拉

[原料]

猕猴桃…130克
大杏仁…10克
生菜…50克
圣女果…50克
柠檬汁…10毫升

[调料]

蜂蜜…2克
橄榄油…10毫升
盐…少许

[做法]

❶ 洗净的圣女果对半切开。
❷ 去皮的猕猴桃对半切开，再切成片。
❸ 择洗好的生菜切成块待用。
❹ 取一个大碗，倒入生菜、杏仁、猕猴桃、圣女果，拌匀。
❺ 倒入柠檬汁，加入少许盐、蜂蜜、橄榄油，搅拌均匀。
❻ 将拌好的食材装入盘中即可。

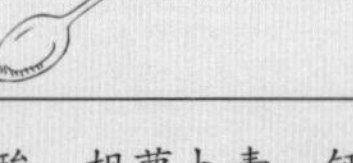

猕猴桃含有叶酸、胡萝卜素、钙、黄体素、氨基酸等成分，具有开胃消食、增强免疫力、美容护肤等功效。

杏仁山药球

[原料]

山药块…200克
西杏片…30克
澄面…100克

[调料]

猪油…35克
白糖…100克
食用油…适量

[做法]

❶ 把去皮洗净的山药装入盘中，放入烧开的蒸锅，大火蒸10分钟至熟。
❷ 把蒸好的山药取出，倒入碗中，加白糖，拌匀，捣烂，加入澄面，拌匀。
❸ 加入猪油，搅匀，搅成面糊，倒在案台上，搓成光滑的面团。
❹ 取适量面团，搓成长条状，切成数个剂子，搓成球状，粘上西杏片，揉搓好，制成生坯。
❺ 起油锅，放入生坯，炸至金黄色，捞出沥干即可。

山药含有蛋白质、膳食纤维、糖类、胡萝卜素及多种维生素和矿物质，具有健脾补肺、益胃补肾、固肾益精等作用。

木耳山药

[原料]

水发木耳…80克
去皮山药…200克
圆椒…40克
彩椒…40克
葱段、姜片…各少许

[调料]

盐、鸡粉…各2克
蚝油…3毫升
食用油…适量

[做法]

❶ 洗净的圆椒去子切块；洗净的彩椒去子切片；洗净去皮的山药切厚片。
❷ 锅中注水烧开，倒入山药片、泡发好的木耳、圆椒块、彩椒片，氽至断生，捞出。
❸ 用油起锅，倒入姜片、葱段，爆香。
❹ 放入蚝油，再放入氽好的食材，加入盐、鸡粉，翻炒片刻至入味。
❺ 将炒好的菜肴盛出装入盘中即可。

黑木耳含有胡萝卜素、维生素 B_1、维生素 B_2、磷脂和钙、磷、铁等物质，具有清肺、养血、降压、抗癌等作用。

玫瑰山药

[原料]

去皮山药…150克
奶粉…20克
玫瑰花…5克

[调料]

白糖…20克

[做法]

❶ 取出已烧开上汽的电蒸锅，放入山药，加盖，调好时间旋钮，蒸20分钟至熟。
❷ 揭盖，取出蒸好的山药，装进保鲜袋，倒入白糖，放入奶粉。
❸ 将山药压成泥状，装盘。
❹ 取出模具，逐一填满山药泥，用勺子稍稍按压紧实。
❺ 待山药泥稍定型后取出，反扣放入盘中。
❻ 撒上掰碎的玫瑰花瓣即可。

山药含有黏液蛋白、淀粉酶、多酚氧化酶、多巴胺、胆碱、卵磷脂等营养成分，具有健脾胃、安心神、滋阴补阳等功效。

胡萝卜鸡肉茄丁

[原料]

去皮茄子…100克

鸡胸肉…200克

去皮胡萝卜…95克

蒜片、葱段…各少许

[调料]

盐…2克

白糖…2克

胡椒粉…3克

蚝油…5毫升

生抽、水淀粉…各5毫升

料酒…10毫升

食用油…适量

[做法]

❶ 洗净去皮的茄子切丁；洗净去皮的胡萝卜切丁。

❷ 洗净的鸡胸肉切丁，加盐、料酒、水淀粉、食用油，腌渍入味；入油锅，翻炒至转色，盛出。

❸ 另起锅注油，倒入胡萝卜丁，炒匀，放入葱段、蒜片，炒香，倒入茄子丁炒至微熟。

❹ 加入料酒，注入适量清水，搅匀，加入盐，搅匀，用大火焖5分钟至食材熟软。

❺ 倒入鸡肉丁，加入蚝油、胡椒粉、生抽、白糖，炒入味即可。

茄子含有维生素P、钙、磷、铁等营养成分，具有延缓衰老、清热解毒等功效。

胡萝卜玉米虾仁沙拉

[原料]

胡萝卜…200克
鲜玉米粒…100克
洋葱…130克
虾仁…80克
熟红腰豆…70克

[调料]

橄榄油…适量
盐…2克
鸡粉…2克
蒸鱼豉油…4毫升

[做法]

❶ 将洗净去皮的胡萝卜切丁；洋葱切小块；将虾背切开，去除虾线。
❷ 锅中注水烧开，放盐，加适量橄榄油，倒入胡萝卜，煮约半分钟，加入玉米粒，拌匀，煮沸。
❸ 放入洋葱、虾仁，煮约2分钟至熟，把煮好的食材捞出，沥干水分。
❹ 将食材装入碗中，放盐、鸡粉、蒸鱼豉油、橄榄油，拌匀。
❺ 把拌好的食材装盘，放上红腰豆即可。

胡萝卜含有不饱和脂肪酸、维生素A、维生素D、维生素E及胡萝卜素等营养成分，具有保护皮肤、改善消化系统功能、防癌抗癌等作用。

清热解毒，将炎症扼杀于萌芽状态

随着生活环境的改变，我们每天都会吸入很多被污染的空气，而这种空气在中医学中被称之为“邪气”。当邪气侵入人体，极易阻碍气机，人体便会产生“火毒”。当火毒积聚得越来越多时，人的内环境便处于失衡状态，我们也会出现咽喉干燥疼痛、眼睛红赤干涩、鼻腔火辣、嘴唇干裂、大便干燥、小便发黄等老百姓常说的上火症状。

许多人认为，上火算不上什么大毛病，喝点凉茶吃点消炎药就好了。殊不知，凡是带有“炎”性反应的疾病，都与上火有关。打个比方，在寒冷的冬天，很少有蚊子、苍蝇、臭虫、蚂蚱、蟑螂、蛆虫、蚂蚁、蝴蝶等小生命，但到天热时（特别是夏天），什么爬的、跑的、跳的、飞的虫子都跑出来活动了。之所以会这样，就是温度为它们提供了生存、繁殖、活动的条件。同样道理，人体内的火毒越来越多，达到了一定的热度时，就为炎症提供了发病的温床。不信你留意那些经常感冒、发热的人，他们大多都并发感染，就是因为他们的机体内积存了太多火毒，所以细菌、病毒等都在里面生长和繁殖了。由此类推，也就不难理解火毒性疾病为什么会有那么多症状了。

排除体内火毒的两种方法

第一，平衡心态

经常上火的朋友不妨审视一下自己，你平时是不是一个急性子的人？是不是一点小事就容易放在心上？这样都会加重你的上火状况。所以，我们要想办法保持心态平衡，多想想自己已经得到的幸福享受，多品味自己先前攀比的人可能的艰辛之处，满足感就会抵消不满和抱怨，心态自然平衡了，火也就降下去了。

第二，食疗

可供购买食用的食材有：百合、荸荠、雪梨、莲藕、山药等，他们都具有解毒清火的功效，可以及时补足人体内的维生素和矿物质，中和体内多余的代谢产物，我们体内的火毒也就能慢慢消失了。

呼吸污染的空气如同亡羊，吃清除火毒的食物就如同补牢。从现在开始行动，消炎症于萌芽状态，一切都不算晚。

苦瓜甜橙沙拉

[原料]

苦瓜…65克
橙子…120克
猕猴桃肉…55克
圣女果…45克
酸奶…20克

[调料]

盐…少许
蜂蜜…12克
沙拉酱…适量

[做法]

❶ 将洗净的苦瓜去子切片，洗好的圣女果对半切开，猕猴桃肉切片。
❷ 洗净的橙子对半切开，取一半切薄片，另一半切开，去除果皮，改切小块。
❸ 锅中注水烧开，倒入苦瓜片，焯至断生，捞出。
❹ 取一碗，倒入苦瓜片、橙子肉块，倒入圣女果、猕猴桃肉，加入盐、蜂蜜，拌至盐分完全溶化。
❺ 另取一盘，放上橙子片，盛入拌好的沙拉，淋入酸奶，挤上沙拉酱即可。

抗霾功效 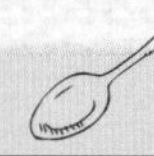

橙子含有膳食纤维、维生素C、维生素E、柠檬酸、苹果酸、钾、钠、钙等营养成分，具有改善便秘、生津止渴、开胃下气和帮助消化等功效。

胡萝卜苦瓜沙拉

[原料]

生菜…70克
胡萝卜…80克
苦瓜…70克
柠檬汁…10毫升

[调料]

橄榄油…10毫升
蜂蜜…5克
盐…少许

[做法]

❶ 洗净的苦瓜去子切丝，洗净去皮的胡萝卜切丝，洗好的生菜切丝。
❷ 锅中注水烧开，加入盐，倒入苦瓜、胡萝卜，煮至断生后过凉水，捞出。
❸ 将食材装入碗中，放入备好的生菜。
❹ 放入少许盐、柠檬汁、蜂蜜、橄榄油，搅拌匀。
❺ 把拌好的食材装入盘中即可。

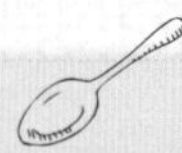

胡萝卜含有蔗糖、葡萄糖、胡萝卜素、钾、钙、磷等营养成分，具有保护视力、增强免疫力、开胃消食等功效。

冬瓜燕麦片沙拉

[原料]

去皮黄瓜…80克
去皮冬瓜…80克
圣女果…30克
酸奶…20克
熟燕麦…70克

[调料]

盐…2克
沙拉酱…10克

[做法]

❶ 洗净的圣女果对半切开，洗好的黄瓜切丁，洗净的冬瓜切丁。
❷ 锅中注水烧开，倒入冬瓜，加入盐，焯片刻，捞出，放入凉水中。
❸ 待凉后捞出，沥干水分，放入碗中。
❹ 倒入黄瓜、熟燕麦，拌匀。
❺ 取一盘，将圣女果摆放在盘子周围，倒入拌好的黄瓜、燕麦、冬瓜。
❻ 浇上酸奶，挤上沙拉酱即可。

冬瓜含有蛋白质、胡萝卜素、粗纤维及多种维生素、矿物质，具有健脾止泻、清热解毒、润肺生津等功效。

核桃仁芹菜炒香干

[原料]

香干…120克

胡萝卜…70克

核桃仁…35克

芹菜段…60克

[调料]

盐…2克

鸡粉…2克

水淀粉、食用油…各适量

[做法]

❶ 将洗净的香干切细条形；洗好的胡萝卜切片，再切粗丝，备用。

❷ 热锅注油烧热，倒入核桃仁，拌匀，炸出香味，捞出。

❸ 用油起锅，倒入洗好的芹菜段，放入胡萝卜丝，倒入切好的香干，炒匀。

❹ 加入盐、鸡粉，用大火炒匀调味。

❺ 倒入适量水淀粉翻炒至食材入味。

❻ 倒入核桃仁，炒匀，盛出装盘即可。

香干含有蛋白质、维生素A、B族维生素、钙、铁、镁、锌等营养成分，具有增进食欲、补充钙质等功效。

黑蒜烧墨鱼

[原料]

黑蒜…70克
墨鱼…150克
彩椒…65克
蒜末、姜片…各少许

[调料]

盐…2克
白糖…2克
鸡粉…3克
料酒…5毫升
水淀粉…少许
芝麻油、
食用油…各适量

[做法]

❶ 洗净的彩椒切块；洗好的墨鱼先划十字花刀，再切成块。
❷ 锅中注水烧开，倒入墨鱼块，汆片刻，捞出。
❸ 用油起锅，倒入姜片、蒜末，爆香，放入彩椒块、墨鱼块，炒匀。
❹ 淋入料酒，炒匀，倒入黑蒜，炒匀。
❺ 注入清水，加盐、白糖、鸡粉、水淀粉，炒匀。
❻ 淋入芝麻油，翻炒约3分钟至熟，盛出炒好的菜肴，装入盘中即可。

黑蒜中的大蒜素具有活化由糖脂质组成的细胞膜的功能，能提高其渗透性，使细胞的新陈代谢加强、活力提高，机体免疫力随之加强。

黑蒜啤酒烧鱼块

[原料]

草鱼块…400克
黑蒜…50克
啤酒…150毫升
姜片、葱段…各少许

[调料]

盐、白胡椒粉…各2克
鸡粉…1克
白糖…3克
料酒、生抽…各5毫升
水淀粉…8毫升
芝麻油…3毫升
食用油…适量

[做法]

❶ 取一碗，放入洗净的草鱼块，加入适量盐，淋入料酒。
❷ 撒入白胡椒粉，加入适量水淀粉，拌匀，腌渍10分钟至入味。
❸ 热锅注油，放入草鱼块，煎约3分钟至两面微黄。
❹ 放入黑蒜，倒入姜片、葱段，炒香，注入啤酒。
❺ 加盐、鸡粉、白糖、生抽，焖至食材入味。
❻ 加入适量水淀粉，淋入芝麻油，拌炒均匀，盛出鱼块即可。

草鱼含有蛋白质、不饱和脂肪酸、硒元素等营养成分，具有促进血液循环、防癌抗癌、滋补养颜等功效。

蒜蓉豉油蒸丝瓜

[原料]

丝瓜…200克
红椒丁…5克
蒜末…少许

[调料]

蒸鱼豉油…5毫升
食用油…适量

[做法]

❶将洗净去皮的丝瓜切段，放在蒸盘中，摆放整齐。
❷淋入食用油，浇上蒸鱼豉油，撒入蒜末，点缀上红椒丁，待用。
❸备好电蒸锅，烧开后放入蒸盘。
❹盖上盖，蒸约5分钟，至食材熟透。
❺断电后揭盖，取出蒸盘，稍微冷却后即可食用。

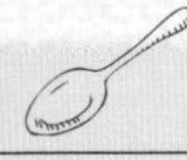

丝瓜含有维生素B_1、维生素C、植物黏液、木糖胶、丝瓜苦味质及钙、磷、铁等营养元素，具有保护皮肤、消除斑块、清热解毒的作用。

粉蒸荷兰豆

[原料]

荷兰豆…120克
肉末…50克
蒸肉米粉…30克
红椒丁…15克
姜末、蒜末…各5克
葱花…3克

[调料]

盐…3克
食用油…适量

[做法]

❶ 油爆姜末、蒜末，倒入红椒丁，炒匀。
❷ 放入肉末，炒香，至其转色，加入盐，炒匀调味，盛在小碟子中。
❸ 取一大碗，放入择洗干净的荷兰豆，倒入炒熟的肉末，放入蒸肉米粉，拌匀。
❹ 转到蒸盘中，摆好造型，待用。
❺ 备好电蒸锅，烧开水后放入蒸盘，蒸约5分钟，至食材熟透。
❻ 断电后揭盖，取出蒸盘，趁热撒上葱花即可。

荷兰豆含有胡萝卜素、维生素 B_1、维生素 B_2、烟酸及钙、磷、铁等营养成分，具有利小便、解疮毒、生津止渴等功效。

荷叶菜心蒸牛肉

[原料]

荷叶…1张
菜心…90克
牛肉…200克
蒸肉米粉…90克
葱段、姜片…各少许

[调料]

豆瓣酱…35克
料酒…5毫升
甜面酱…20克
盐…2克
食用油…适量

[做法]

❶ 择洗好的菜心切成小段，洗净的牛肉切成片，洗净的荷叶修整齐边。
❷ 牛肉装入碗中，放入甜面酱、豆瓣酱、料酒，拌匀，倒入姜片、葱段、蒸肉米粉，拌匀。
❸ 荷叶放盘中，将拌好的牛肉倒在荷叶上，待用。
❹ 蒸锅注水烧开，放入装有荷叶和牛肉的盘子，大火蒸1个小时至入味，取出。
❺ 锅中注水烧热，放入盐、食用油，倒入菜心，焯至断生，捞出，摆放在牛肉边，即可食用。

牛肉含有蛋白质、脂肪、铁、氨基酸、膳食纤维等成分，具有益气补血、增强免疫力、强筋健骨等功效。

清除肺内灰尘的食物

俗话说，人活着就是为一口气，可现在这口气却充满了大量的有毒、有害物质。仅仅在2013年，全国就有33个监测城市的空气质量指数超过300，属于严重污染。就北京来说，PM2.5浓度出现罕见峰值，多个监测站点PM2.5浓度“爆表”。

为什么要清肺呢？有些数据真是不看不知道，一看吓一跳。就目前来看，我国的疾病谱已经改变，肝癌退居二线，肺癌成为“癌王”。据北京市卫生局公布，2010年，肺癌位居北京市户籍人口男性恶性肿瘤发病的第一位，居女性第二位（仅次于乳腺癌）。2001至2010年，北京市肺癌发病率增长了56%，全市新发癌症患者中有20%为肺癌。

生活条件好了，肺癌发病率却高了，这不得不让人联想到环境问题。古人说“肺为娇脏”，肺是很娇嫩的，直接与外界相通，容易受侵害。所以，某种程度上说肺决定着我们能活多久，有多健康。自然而然，中医专家就提出了：养生，需要先清肺。

哪些人需要清肺呢？

第一，抽烟的人

抽烟的人一定要关注自己的肺。有些烟龄较长的人，平时呼吸就不顺畅，经常咳嗽并且有痰。再严重点，爬楼梯时气喘也会加重，连穿衣服都会气喘，这可能就已经得了慢性阻塞性肺炎了，就更应该好好养养自己的肺了。

第二，久居空气污染高发城市的居民

数据显示，现在抽烟的人数其实在减少，而肺癌发病率却在增加，说明清肺已经不只是抽烟者需要做的功课了，而是每个都市人都需要关爱自己的方式。

那么，在这样的生存环境中，我们应该如何提高肺部的自净功能呢？下面就为大家提供几道清肺食谱。

枸杞百合蒸木耳

[原料]

百合…50克

枸杞…5克

水发木耳…100克

[调料]

盐…1克

芝麻油…适量

[做法]

❶ 取空碗，放入泡好的木耳，倒入洗净的百合。

❷ 加入洗净的枸杞，淋入芝麻油，加入盐，搅拌均匀。

❸ 将拌好的食材装盘。

❹ 备好已注水烧开的电蒸锅，放入食材。

❺ 加盖，调好时间旋钮，蒸5分钟。

❻ 揭盖，取出蒸好的枸杞百合蒸木耳即可。

抗霾功效

枸杞含有枸杞多糖、甜菜碱、枸杞色素等成分，具有增强免疫力、养肝明目等功效。

乌醋花生木耳

[原料]

水发木耳…150克
去皮胡萝卜…80克
花生米…100克
朝天椒…1个
葱花…8克

[调料]

生抽…3毫升
乌醋…5毫升

[做法]

❶洗净的胡萝卜切片，改切丝。
❷锅中注水烧开，倒入胡萝卜丝、洗净的木耳，拌匀。
❸焯一会儿至断生，捞出焯好的食材，放入凉水中待用。
❹捞出凉水中的胡萝卜和黑木耳装在碗中。
❺碗中加入花生米，放入切碎的朝天椒，加入生抽、乌醋，拌匀。
❻将拌好的凉菜装在盘中，撒上葱花点缀即可。

花生含有蛋白质、淀粉、脂肪、维生素K、维生素E、锌等多种营养物质，具有止血、抗衰老、滋润皮肤等功效。

肉末尖椒烩猪血

[原料]

猪血…300克
青椒…30克
红椒…25克
肉末…100克
姜片、葱花…各少许

[调料]

盐…2克
鸡粉…3克
白糖…4克
生抽、陈醋、
水淀粉、胡椒粉、
食用油…各适量

[做法]

❶ 将洗净的红椒切成圈状；将洗好的青椒切块；将处理好的猪血横刀切开，切成粗条。
❷ 锅中注水烧开，倒入猪血，加入盐，汆片刻，捞出。
❸ 用油起锅，倒入肉末，炒至转色，加入姜片，倒入少许清水，放入青椒、红椒、猪血。
❹ 加入盐、生抽、陈醋、鸡粉、白糖，拌匀，炖3分钟至熟，撒上胡椒粉，炖至入味。
❺ 倒入水淀粉拌匀，盛入盘中，撒上葱花即可。

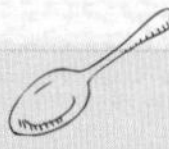

猪血含有维生素 B_1、维生素 B_2、维生素 E、烟酸及钠、铁、钙、胆固醇等营养成分，具有益气补血、排除有害物质、止血化瘀等功效。

木瓜银耳汤

[原料]

木瓜…200克
枸杞…30克
水发莲子…65克
水发银耳…95克

[调料]

冰糖…40克

[做法]

❶ 洗净的木瓜切块，待用。
❷ 砂锅注水烧开，倒入切好的木瓜，放入洗净泡好的银耳。
❸ 加入洗净泡好的莲子，搅匀，用大火煮开后转小火续煮30分钟至食材变软。
❹ 倒入枸杞，放入冰糖，搅拌均匀，续煮10分钟至食材熟软入味。
❺ 关火后盛出煮好的甜汤，装碗即可。

木瓜含有胡萝卜素和丰富的维生素C，它们有很强的抗氧化能力，能帮助机体修复组织，消除有毒物质，增强人体免疫力。

银耳核桃蒸鹌鹑蛋

[原料]

水发银耳…150克
核桃…25克
熟鹌鹑蛋…10个

[调料]

冰糖…20克

[做法]

❶ 泡发好的银耳切去根部，切成小朵；备好的核桃用刀背拍碎。
❷ 备好蒸盘，摆入银耳、核桃碎。
❸ 放入鹌鹑蛋、冰糖，待用。
❹ 电蒸锅注水烧开，放入食材。
❺ 盖上锅盖，调转旋钮定时20分钟。
❻ 待时间到，掀开盖，将食材取出即可。

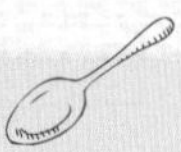

核桃含有咖啡酸、芥子酸、原儿茶酸、丁香酸等成分，具有益智健脑、润肠通便等功效。核桃还富含油脂，有利于润泽肌肤，保持人体活力。

山药百合薏米汤

[原料]

山药…5克
龙牙百合…3克
枸杞…3克
玉竹…3克
薏米…3克
排骨块…200克

[调料]

盐…2克

[做法]

❶ 锅中注水烧开，放入排骨块，汆片刻，捞出，沥干水分。
❷ 砂锅中注入适量清水，倒入排骨块、山药、薏米、玉竹，拌匀。
❸ 加盖，大火煮开转小火煮至有效成分析出。
❹ 揭盖，放入龙牙百合、枸杞，拌匀。
❺ 加盖，续煮20分钟至龙牙百合、枸杞熟。
❻ 揭盖，加入盐，稍稍搅拌至入味即可。

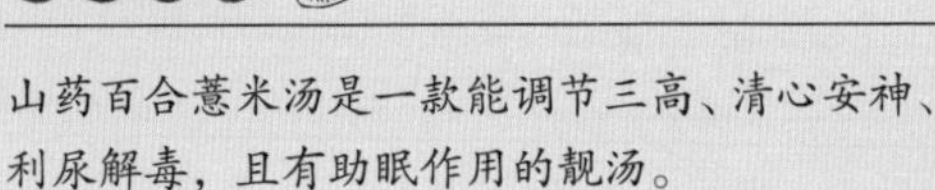

山药百合薏米汤是一款能调节三高、清心安神、利尿解毒，且有助眠作用的靓汤。

白萝卜甜椒沙拉

[原料]

黄瓜…40克
彩椒…60克
白萝卜…80克

[调料]

盐…2克
蛋黄酱…适量

[做法]

❶ 洗净去皮的白萝卜切丝；洗好的黄瓜切丝；洗净的彩椒去子，再切成丝。
❷ 白萝卜丝装入碗中，加入少许盐，腌渍10分钟。
❸ 锅中注入适量清水，用大火烧开，倒入彩椒丝，搅匀，略煮一会儿。
❹ 捞出彩椒，放入凉水中过凉，捞出，沥干水分。
❺ 将萝卜丝捞出，压去多余水分，装入碗中。
❻ 放入黄瓜丝、彩椒丝，搅匀，加入少许盐，拌匀，装入盘中，挤上蛋黄酱即可。

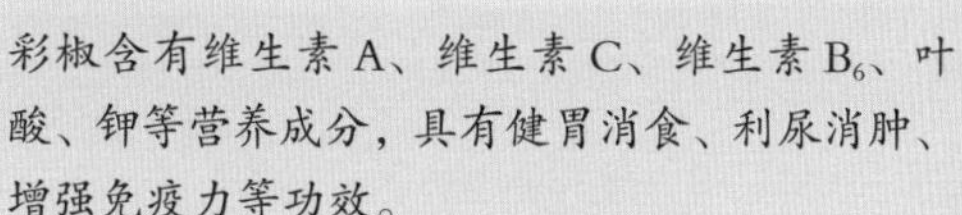

彩椒含有维生素A、维生素C、维生素B_6、叶酸、钾等营养成分，具有健胃消食、利尿消肿、增强免疫力等功效。

麦枣甘草白萝卜汤

[原料]

水发小麦…80克
排骨…200克
甘草…5克
大枣…10克
白萝卜…50克

[调料]

盐…3克
鸡粉…2克
料酒…适量

[做法]

❶ 洗净去皮的白萝卜切块；锅中注水烧开，放入排骨，淋入料酒，氽去血水，捞出。
❷ 砂锅中注水烧开，倒入排骨、甘草、小麦，煮至食材熟软。
❸ 放入白萝卜、大枣，淋入少许料酒，续煮10分钟至食材熟透。
❹ 加入盐、鸡粉，拌匀调味。
❺ 关火后盛出煮好的汤，装入碗中即可。

白萝卜含有蛋白质、膳食纤维、胡萝卜素、铁、钙、磷等营养成分，具有清热生津、凉血止血、消食化滞等功效。

排骨酱焖藕

[原料]

排骨段…350克
莲藕…200克
红椒片…30克
青椒片…30克
洋葱片…30克
姜片、八角、桂皮…各少许

[调料]

盐…2克
鸡粉…2克
老抽…3毫升
生抽…3毫升
料酒…4毫升
水淀粉…4毫升
食用油…适量

[做法]

❶ 洗净去皮的莲藕切丁；锅中注水烧开，倒入排骨，大火煮沸，汆去血水，捞出。
❷ 用油起锅，放入八角、桂皮、姜片，爆香，倒入排骨炒匀。
❸ 淋入料酒，加生抽炒香，加适量清水，放入莲藕。
❹ 放盐、老抽，大火煮沸，用小火焖35分钟。
❺ 加入青椒、红椒和洋葱，炒匀，放鸡粉，大火收汁后用水淀粉勾芡。
❻ 将菜肴盛出装入盘中即可。

排骨含有蛋白质、脂肪、维生素A、维生素E、维生素C及多种微量元素，具有滋阴壮阳、益精补血等作用。

排出体内霾毒的日常饮食

空气污染日益严重，网络上也出现了很多调侃的新鲜句子："厚德载雾，自强不吸""世界上最远的距离，不是生与死的距离，而是我牵着你的手，却看不见你"……PM2.5导致空气中的有毒物质大大增加，包括我们每天吃的、喝的、用的都充斥着大量毒素，毒素堆积，身体变成了垃圾场。若想改变现状，必须做好排毒工作，定期给身体来一次大扫除。

专家指出，只有及时排除体内的有害物质，保持五脏和体内的清洁，才能保持身体的健康和肌肤的美丽。排毒不畅不仅会直接造成面部色斑、痤疮等问题，还容易造成腹部脂肪的堆积。腹部脂肪一旦形成，想减就非常困难。因此，要想保持肌肤白净与苗条好身材，排毒工作需排在首位。

我们这里说的排毒，重点针对的是肠胃。或许你会产生疑问，PM2.5等污染物对肺部的损伤最大，理应为肺部排毒，为什么要调整肠胃呢？中医学认为，当我们出现便秘、肠胃毒素过多就会影响肺气的肃降，而肠胃排毒不顺畅，毒素就会积攒到肺部，也就是所谓的"肺气壅闭，气逆不降"。所以，如果想在雾霾天气排出肺部毒素，一定不要忽略了肠胃的健康。

说到肠胃，就不能回避宿便的问题。研究发现，长期便秘者体内积存的宿便达13~24千克。这么多宿便占领着肠道，对健康的危害可想而知。但是随着清肠概念粗糙而又广泛地宣传着，越来越多的人轻信于随手拈来的清肠谣传和误区，他们盲目采用大肠水疗、喝清肠茶等方法，结果不仅不能帮身体排出毒素，反而破坏了机体的平衡。

在众多方法中，饮食疗法无疑是最靠谱的，把清肠落实在一日三餐中，既不损健康又能达到目的。下面，我们就一起看一下，有哪些能帮助我们快速排毒的天然食谱吧！

洋葱腊肠炒蛋

[原料]

洋葱…55克
腊肠…85克
蛋液…120克

[调料]

盐…2克
水淀粉、食用油…各适量

[做法]

❶ 将洗净的腊肠切小段，洗好的洋葱切小块。
❷ 把蛋液装入碗中，加盐搅散，倒入水淀粉，调匀，备用。
❸ 用油起锅，倒入腊肠，炒出香味。
❹ 放入洋葱块，用大火快炒至变软。
❺ 倒入调好的蛋液，铺开，呈饼型，再炒散，至食材熟透即成。

洋葱含有蛋白质、胡萝卜素、B族维生素、膳食纤维、钙、磷、镁、铁等营养成分，具有润肠通便、利尿消肿、抗菌消炎等功效。

洋葱蘑菇沙拉

[原料]

黄瓜…70克
洋葱…30克
杏鲍菇…70克
香菇…50克
奶酪…50克
口蘑…40克

[调料]

盐…2克
橄榄油…4毫升
香醋…4毫升
白糖…2克
黑胡椒粉…适量
意大利香草调料…10克

[做法]

❶ 洗净的杏鲍菇切条；洗净的香菇去柄，切丁；洗净的口蘑切片；备好的奶酪切块；洗净的黄瓜切丁；处理好的洋葱对切开，切片。
❷ 锅中注水烧开，倒入杏鲍菇、香菇、口蘑，搅匀，焯至断生，捞出过凉水。
❸ 取一个碗，倒入焯熟的食材，放入洋葱、黄瓜、奶酪，搅拌匀，加入盐、黑胡椒粉、橄榄油，淋上香醋，放入白糖，搅拌至入味。
❹ 装入盘中，撒上意大利香草调料即可。

香菇含有脂肪、糖类、粗纤维及多种维生素和矿物质，具有延缓衰老、防癌抗癌、降血压、降血脂等作用。

海带丝拌菠菜

[原料]

海带丝…230克
菠菜…85克
熟白芝麻…15克
胡萝卜…25克
蒜末…少许

[调料]

盐…2克
鸡粉…2克
生抽…4毫升
芝麻油…6毫升
食用油…适量

[做法]

❶ 洗好的海带丝切成段，洗净去皮的胡萝卜切细丝。
❷ 锅中注水烧开，倒入海带、胡萝卜，淋上食用油，煮至断生，捞出。
❸ 另起锅，注入适量清水烧开，倒入菠菜，搅匀。
❹ 加入食用油，煮至断生，将焯好的菠菜捞出。
❺ 取一个大碗，倒入海带、胡萝卜、菠菜，拌匀。
❻ 撒上蒜末，加盐、鸡粉、生抽、芝麻油、白芝麻，搅拌均匀即可。

海带含有不饱和脂肪酸、氨基酸、藻胶酸、昆布素、甘露醇、维生素B_1等营养成分，具有降血压、利尿消肿、增强免疫力等功效。

蒸海带肉卷

[原料]

水发海带…100克
猪肉馅…120克
葱花…3克
姜蓉…4克

[调料]

盐…2克
生抽…3毫升
芝麻油…2毫升
料酒…2毫升
干淀粉…5克
五香粉…少许

[做法]

❶ 肉馅装碗，放入料酒、姜蓉、生抽、盐、五香粉、干淀粉、葱花、芝麻油，搅匀腌渍10分钟。
❷ 将泡发好的海带铺在砧板上，倒入肉馅，铺平，将海带慢慢卷起制成肉卷，两头修齐，切成段。
❸ 取一个蒸盘，将海带卷摆入。
❹ 电蒸锅注水烧开，放入海带卷，盖上锅盖，调转旋钮定时15分钟。
❺ 待时间到，掀开盖，将海带卷取出即可。

海带含有大量的不饱和脂肪酸和食物纤维，能清除附着在血管壁上的胆固醇，促进胆固醇的排泄。

葡萄苹果沙拉

[原料]

葡萄…80克
去皮苹果…150克
圣女果…40克
酸奶…50克

[做法]

❶ 洗净的圣女果对半切开。
❷ 洗好的葡萄摘取下来。
❸ 苹果切开去子，切成丁。
❹ 取一盘，摆放上圣女果、葡萄、苹果。
❺ 浇上酸奶即可。

葡萄含有蛋白质、B族维生素、钙、镁、铁等营养成分，具有补血气、暖肾、改善贫血、缓解疲劳等功效。

芡实苹果鸡爪汤

[原料]

鸡爪…6只

苹果…1个

芡实…50克

花生…15克

蜜枣…1颗

胡萝卜丁…100克

[调料]

盐…3克

[做法]

❶ 锅中注水烧开，倒入洗净去甲的鸡爪，氽至去除腥味和脏污，捞出放入凉水中。

❷ 砂锅中注入清水，倒入泡好的芡实、过完凉水的鸡爪。

❸ 放入胡萝卜、蜜枣、花生，用大火煮开后转小火续煮30分钟至食材熟软。

❹ 去除浮沫，倒入切好的苹果，续煮10分钟至食材入味。

❺ 加入盐，拌匀，盛出煮好的汤，装碗即可。

苹果含有果胶、锌、维生素C、膳食纤维等多种营养物质，具有增进记忆力、排毒养颜、降血降脂、润肠通便等功效。

香菇豆腐酿黄瓜

[原料]

黄瓜…240克
豆腐…70克
水发香菇…30克
胡萝卜…30克
葱花…2克

[调料]

盐…2克
鸡粉…3克
干淀粉…8克
芝麻油、
水淀粉…各适量

[做法]

❶ 洗净的黄瓜切段；洗净去皮的胡萝卜切碎；备好的豆腐切块；泡发好的香菇去蒂，切碎。
❷ 备好一个大碗，倒入胡萝卜、豆腐、香菇，放入干淀粉拌匀。
❸ 用小勺子将黄瓜段中间部分挖去，不要挖穿；将拌好的食材填入黄瓜段内，压实。
❹ 备好电蒸锅烧开，放入黄瓜段，蒸约8分钟后取出。
❺ 热锅中注水烧开，放入盐、鸡粉、水淀粉，拌匀，淋入芝麻油，搅拌片刻，浇在黄瓜段上，最后再撒上葱花即可。

抗霾功效

黄瓜含有膳食纤维、B族维生素、维生素C、葫芦素C、丙氨酸、精氨酸等营养物质，具有增强免疫力、抗衰老、通便、降血糖等作用。

栗焖香菇

[原料]

去皮板栗…200克
鲜香菇…40克
去皮胡萝卜…50克

[调料]

盐…1克
鸡粉…1克
白糖…1克
生抽…5毫升
料酒…5毫升
水淀粉…5毫升
食用油…适量

[做法]

❶ 洗净的板栗对半切开；洗好的香菇切十字刀，切成小块；洗净的胡萝卜切滚刀块。
❷ 用油起锅，倒入板栗、香菇、胡萝卜，将食材翻炒均匀。
❸ 加入生抽、料酒，炒匀，注入200毫升左右的清水。
❹ 加入盐、鸡粉、白糖，充分拌匀，用大火煮开后转小火焖15分钟使其入味。
❺ 用水淀粉勾芡，盛出菜肴，装盘即可。

板栗含有淀粉、蛋白质、脂肪、维生素C、铜、镁等多种营养物质，具有坚固牙齿、滋补肝肾、增强人体抵抗力等功效。

冬菇玉米须汤

[原料]

水发冬菇…75克
鸡肉块…150克
玉米须…30克
玉米…115克
去皮胡萝卜…95克
姜片…少许

[调料]

盐…2克

[做法]

❶ 洗净去皮的胡萝卜切滚刀块，洗好的玉米切段，洗净的冬菇切去柄部。
❷ 锅中注水烧开，倒入洗净的鸡块，汆片刻，捞出沥干。
❸ 砂锅中注水烧开，倒入鸡块、玉米段、胡萝卜块、冬菇、姜片、玉米须，拌匀。
❹ 加盖，大火煮开后转小火煮2小时至熟。
❺ 揭盖，加入盐，稍稍搅拌至入味。
❻ 关火后盛出煮好的汤，装入碗中即可。

冬菇含有钙、磷、钠、硒、膳食纤维、蛋白质、木质素、纤维素、淀粉等成分，具有增强免疫力、延缓衰老、开胃消食等功效。

多食抗菌抗病毒食物

“病从口入”相信大家都耳熟能详，但是在雾霾天里，不仅要谨防病从口入，还要防止“病从鼻入”。因为随着我们的一呼一吸，PM2.5会携带着许许多多有害物质进入人体，比如细菌、病毒就会搭着PM2.5这个“顺风车”来到呼吸系统的深处，造成感染。

热衷于养生保健的朋友，对于细菌、病毒这两个名词应该会格外关注，因为它们是危险的致病体。而有些朋友对细菌和病毒的概念还很模糊，只是隐约知道，它们是能入侵人体的微生物。究竟什么是细菌，什么是病毒？二者有什么区别，又会对人体产生哪些影响呢？现在我们就大致来说一说。

先来看看细菌，它们是一种单细胞微生物，由于菌体形态呈杆状、球状和弧状，所以人们就分别称它们为杆菌、球菌和弧菌。细菌是细胞，有细胞的构造，如细胞膜、细胞壁、细胞质，它们会分泌毒素，杀死寄生的细胞，令我们生病。

与细菌相比，病毒还要小许多倍，普通的光学显微镜是看不到它们的，用电子显微镜才能看得见。它们如果在细胞体外存在，形式就如同死物，只是一堆化学物，一旦进入细胞，它们就会发生变化，可以快速繁殖，还会破坏该细胞，引发各种疾病。曾令许多人恐慌并影响大半个中国及30多个国家的非典型肺炎（SARS），其元凶就是一种冠状病毒。

我们知道，无论是细菌还是病毒，都容易导致传染病扩散和多种疾病发生，所以，它们的存在对人体是一种潜在威胁。但是生活在雾霾之中，空气无孔不入，谁都不知道下一秒是否会吸入细菌和病毒。这时该怎么办？答案就是多为身体补充一些有着防菌、抗病毒作用的食物。这些食物就像为身体注入了抵抗细菌和病毒的“疫苗”一样，激发人体免疫系统产生抗体，从而提高我们的抗病能力。下面所列的美味食谱，就是对抗细菌和病毒最好的“疫苗”，大家不妨一试。

苦瓜玉米蛋盅

[原料]

苦瓜…250克
玉米…100克
鸡蛋…80克
水发粉丝…150克
胡萝卜片…50克

[调料]

盐…3克
生抽…5毫升
白糖…2克
鸡粉…2克
水淀粉…4毫升
食用油…适量

[做法]

❶ 将泡发好的粉丝切碎；洗净的苦瓜切成段，挖去瓤；鸡蛋打入碗中，加盐拌匀。
❷ 玉米粒汆至断生，捞出；苦瓜汆去苦味，捞出。
❸ 取一个盘，摆上胡萝卜片、苦瓜段，在苦瓜段内放入玉米粒，在中间摆上粉丝。
❹ 蒸锅上火烧开，放入苦瓜盅，大火蒸5分钟，浇上蛋液，大火继续蒸5分钟后取出。
❺ 取碗，加盐、生抽、清水、白糖、鸡粉、水淀粉，拌匀，入油锅炒匀后浇在苦瓜盅上即可。

苦瓜含有蛋白酶、维生素 B_2、胡萝卜素、视黄醇等成分，具有清热解毒、润肠通便、增强免疫力等功效。

扁豆西红柿沙拉

[原料]

扁豆…150克
西红柿…70克
玉米粒…50克

[调料]

白醋…5毫升
橄榄油…9毫升
白胡椒粉…2克
盐…少许
沙拉酱…适量

[做法]

❶ 洗净的扁豆切成块；洗净的西红柿切开，去蒂，切成小块。
❷ 锅中注水烧开，倒入扁豆，搅匀，煮至断生，捞出，放入凉水中过凉。
❸ 把玉米倒入开水中，煮至断生，捞出，放入凉开水中过凉，捞出，沥干水分。
❹ 将放凉后的食材装入碗中，倒入西红柿。
❺ 加入盐、白胡椒粉、橄榄油、白醋，搅匀调味。
❻ 将拌好的食材装入盘中，挤上沙拉酱即可。

西红柿含有蛋白质、糖类、有机酸、纤维素、苹果酸等营养成分，具有祛斑美容、增强免疫力、增进食欲等功效。

芝麻洋葱拌菠菜

[原料]

菠菜…200克

洋葱…60克

白芝麻…3克

蒜末…少许

[调料]

盐、白糖…各3克

生抽、凉拌醋…各4毫升

芝麻油…3毫升

食用油…适量

[做法]

❶ 去皮洗好的洋葱切成丝；择洗干净的菠菜切去根部，切成段。

❷ 锅中注水，淋入食用油，放入菠菜，搅匀，焯半分钟，倒入洋葱丝，再煮半分钟，捞出。

❸ 将煮好的菠菜、洋葱装入碗中，加入盐、白糖。

❹ 淋入生抽、凉拌醋，倒入蒜末，搅拌至食材入味。

❺ 淋入芝麻油，用筷子拌匀，撒上白芝麻，搅拌均匀即可。

菠菜的营养价值丰富，含膳食纤维、胡萝卜素、维生素 B_1、维生素 B_2、维生素 C、钾、钠、钙、磷、镁等营养成分，有润肠滑肠、清热除烦的功效。

橙香果仁菠菜

[原料]

菠菜…130克
橙子…250克
松子仁…20克
凉薯…90克

[调料]

橄榄油…5毫升
盐、白糖、食用油…各少许

[做法]

❶ 洗净去皮的凉薯切碎；择洗好的菠菜切碎；洗净的橙子切厚片；取一个盘子，摆上橙子。
❷ 锅中注水烧开，倒入凉薯、菠菜，焯至断生，捞出过凉水。
❸ 热锅注油，倒入松子仁，炒出香味，盛出装盘。
❹ 将放凉的食材装入碗中，倒入松子，加入盐、白糖、橄榄油，搅拌匀。
❺ 将拌好的菜摆放在橙子片上即可。

抗霾功效

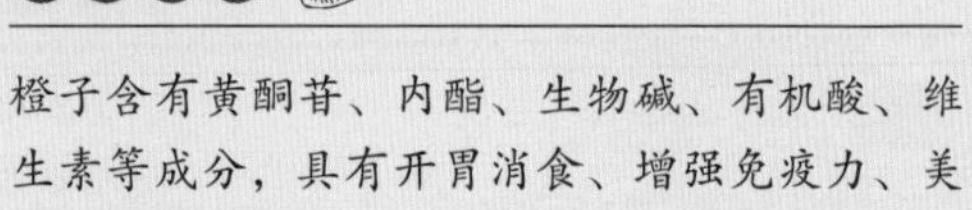

橙子含有黄酮苷、内酯、生物碱、有机酸、维生素等成分，具有开胃消食、增强免疫力、美容护肤等功效。

苦瓜圣女果沙拉

[原料]

苦瓜…100克

圣女果…70克

[调料]

白糖…2克

白醋…5毫升

蜂蜜…5克

盐…少许

[做法]

❶ 洗净的苦瓜去子，切成丁；洗净的圣女果对半切开，待用。

❷ 取一个碗，倒入苦瓜，加盐拌匀，将苦瓜倒入漏勺中，用水冲洗后装入碗中。

❸ 锅中注水烧开，倒入苦瓜，煮至断生，捞出，过凉水。

❹ 将圣女果放入碗中，加入盐、白糖。

❺ 淋入白醋、蜂蜜，搅拌均匀。

❻ 将圣女果摆入盘中，倒入苦瓜即可。

抗霾功效 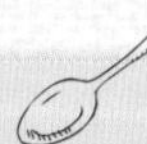

苦瓜含有蛋白质、胡萝卜素、钙、磷、铁等营养成分，具有清热解毒、排毒养颜、健脾开胃等功效。

蒜香肉末蒸茄子

[原料]

肉末…70克
茄子…300克
蒜末…10克
姜末…8克
葱花…3克

[调料]

盐…2克
水淀粉…15毫升
生抽…8毫升
鸡粉…2克
食用油…适量

[做法]

❶洗净的茄子切厚段，在茄子一面划上井字花刀。
❷热锅注油烧热，放入茄子，略煎片刻，使茄子两面微黄，盛出。
❸油爆蒜末、姜末，倒入肉末炒松散，加盐、生抽、鸡粉，炒至肉末入味。
❹淋入清水煮沸，倒入水淀粉翻炒收汁，将炒好的肉末均匀地浇在茄子上。
❺电蒸锅烧开，放入茄子，转动旋钮定时5分钟，时间到后将茄子取出，撒上葱花即可。

茄子含有葫芦巴碱、水苏碱、胆碱等成分，具有消肿止疼、治疗寒热、祛风通络和解毒等功效。

蒜香西蓝花炒虾仁

[原料]

西蓝花…170克
虾仁…70克
蒜片…少许

[调料]

盐…3克
鸡粉…1克
胡椒粉…5克
水淀粉、料酒…各5毫升
食用油…适量

[做法]

❶ 洗净的西蓝花切小块；洗好的虾仁取出虾线，加盐、胡椒粉、料酒，腌渍入味。
❷ 沸水锅中加入食用油和盐，倒入西蓝花，焯至断生，捞出。
❸ 用油起锅，倒入虾仁炒至稍微转色，放入蒜片，炒香，倒入西蓝花炒至食材熟软。
❹ 加盐、鸡粉，炒匀至入味，注入清水翻炒均匀。
❺ 加入水淀粉，炒匀至收汁，盛出炒好的菜肴，装盘即可。

西蓝花含维生素C较多，比大白菜、西红柿、芹菜都高，尤其是在防治胃癌、乳腺癌等方面效果尤佳。

山楂菠萝炒牛肉

[原料]

牛肉片…200克
水发山楂片…25克
菠萝…600克
圆椒…少许

[调料]

西红柿酱…30克
盐、鸡粉…各2克
食粉…少许
料酒…6毫升
水淀粉、食用油…各适量

[做法]

❶ 牛肉片中加盐、料酒、食粉、水淀粉、食用油，腌渍入味；将洗净的圆椒切小块。
❷ 洗好的菠萝对半切开，取一半挖空果肉，制成菠萝盅，再把菠萝肉切小块。
❸ 起油锅，将牛肉炒变色，倒入圆椒，炸香，捞出。
❹ 锅底留油烧热，倒入山楂片、菠萝肉，翻炒匀，挤入西红柿酱炒香，倒入滑过油的食材炒匀。
❺ 淋入料酒，加盐、鸡粉、水淀粉，炒熟，装入菠萝盅即成。

抗霾功效

牛肉含有蛋白质、牛磺酸、维生素A、钙、磷、钾、镁、铁、锌等营养成分，具有补中益气、滋养脾胃、强健筋骨、止渴止涎等功效。

苹果大枣鲫鱼汤

[原料]

鲫鱼…500克

去皮苹果…200克

大枣…20克

香菜叶…少许

[调料]

盐…3克

胡椒粉…2克

水淀粉、料酒…各适量

食用油…少许

[做法]

❶ 洗净的苹果去核，切成块。

❷ 往鲫鱼身上加盐抹匀，淋入料酒，腌渍10分钟入味。

❸ 用油起锅，放入鲫鱼，煎约2分钟至金黄色。

❹ 注入适量清水，倒入大枣、苹果，大火煮开。

❺ 加入盐，拌匀，中火续煮5分钟至入味。

❻ 加入胡椒粉，拌匀，倒入水淀粉，拌匀，盛出装碗，放上香菜叶即可。

鲫鱼含有蛋白质、多种维生素、微量元素及钙、磷、铁等营养成分，具有益气补血、清热解毒、利水消肿等功效。

■ 抗衰老、抗氧化的食谱 ■

目前，“自由基”与“抗氧化”已经不再是新鲜的话题。因为在每天的生活中，我们都会遇到加速身体氧化的可怕杀手，比如雾霾、紫外线、电磁波、压力、不规律的生活等，这些都会令我们体内的自由基增加。其中，雾霾是最可怕的一个，因为它与呼吸息息相关，每个人都可以避开紫外线，可以远离电磁波，可以调节情绪消除压力，可以改善生活方式，但唯独空气中的雾霾，我们是躲也躲不掉的。

我们都知道吸烟有害健康，那是因为吸烟会导致增加身体内自由基的数量急剧上升。而雾霾进入人体后，也会产生自由基，其数量要比吸烟时多得多。适量的自由基有好处，可保护身体免受化学物质等外来物的侵害作用。但是身体内的自由基一旦过量，就会产生很强的氧化作用而侵害体内细胞，衰老便随之而来。

在正常代谢过程中身体会产生自由基，同时也有自由基清除剂。它会随时消除氧自由基，不使其聚集危害人体健康。在25岁时，人体内的“清除氧自由基物质”最丰富，以后逐渐减少，过了40岁，减少速度加快。特别是急剧变化的生存环境，使得大多数人的机体内产生自由基清除剂的能力逐渐下降，导致体内清除剂的含量减少，活性也逐渐降低，从而削弱了对自由基损害的防御能力。如不能及时补充抗氧化物质，人体就容易疾病丛生、衰老，甚至死亡。

那么，该怎么为身体补充抗氧化物质呢？其实，日常生活中一些食物就能满足我们的需求。下面，为大家精心挑选了几道操作方便的食谱，这些食谱对于抗氧化有着不错的效果。

西红柿青椒炒茄子

[原料]

青茄子…120克
西红柿…95克
青椒…20克
蒜末…少许

[调料]

盐…2克
白糖、鸡粉…各3克
水淀粉、食用油…各适量
花椒…少许

[做法]

❶ 洗净的青茄子切开，改切滚刀块；洗好的西红柿切小块；洗净的青椒切小块。
❷ 热锅注油烧热，倒入茄子，略炸一会儿，放入青椒块，拌匀，炸出香味，捞出。
❸ 用油起锅，倒入花椒、蒜末，爆香，倒入炸过的食材，放入西红柿，炒出水分。
❹ 加入盐、白糖、鸡粉，淋入适量水淀粉。
❺ 用中火快炒至食材入味，盛出炒好的菜肴，装入盘中即成。

茄子含有蛋白质、糖类、维生素P、镁、铁、锌、钾等营养成分，具有改善血液循环、预防血栓、增强免疫力等功效。

草菇西蓝花

[原料]

草菇…90克

西蓝花…200克

胡萝卜片…少许

姜末…少许

蒜末…少许

葱段…少许

[调料]

料酒…8毫升

蚝油…8毫升

盐…2克

鸡粉…2克

水淀粉…适量

食用油…适量

[做法]

❶ 洗净的草菇切小块；洗好的西蓝花切小朵。

❷ 锅中注水烧开，加入食用油，倒入西蓝花，焯断生后捞出；倒入草菇，煮半分钟，捞出

❸ 油爆胡萝卜片、姜末、蒜末、葱段，倒入草菇炒匀。

❹ 淋入料酒，翻炒片刻，加蚝油、盐、鸡粉调味。

❺ 淋入清水，炒匀，倒入水淀粉，快速翻炒均匀。

❻ 将焯好的西蓝花摆入盘中，盛入炒好的草菇即可。

西蓝花含有维生素C、维生素B_1和胡萝卜素等，其中维生素C的含量较高，比西红柿、芹菜都高，在预防胃癌、乳腺癌方面效果尤佳。

葡萄干菠萝蒸银耳

[原料]

菠萝…210克

水发银耳…150克

葡萄干…40克

[调料]

冰糖…15克

[做法]

❶ 泡发好的银耳切去根部，再切碎。

❷ 备好的菠萝切小块；银耳、菠萝整齐摆入盘中。

❸ 撒上葡萄干、冰糖。

❹ 电蒸锅注水烧开上汽，放入食材。

❺ 盖上锅盖，调转旋钮定时蒸20分钟。

❻ 待20分钟后，掀开锅盖，将食材取出即可。

抗霾功效

银耳含有海藻糖、甘露糖醇、钙、磷、铁、钾等多种营养成分，具有滋阴润肺、生津止咳、清润益胃等功效。

菠萝黄瓜沙拉

[原料]

菠萝肉…100克

圣女果…45克

黄瓜…80克

[调料]

沙拉酱…适量

[做法]

❶将洗净的黄瓜切开，再切薄片。

❷洗好的圣女果对半切开；备好的菠萝肉切小块。

❸取一大碗，倒入黄瓜片，放入切好的圣女果。

❹撒上菠萝块，快速搅匀，使食材混合均匀。

❺另取一盘，盛入拌好的材料，摆好盘，最后挤上少许沙拉酱即可。

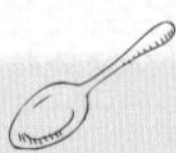

菠萝含有果糖、葡萄糖、B族维生素、柠檬酸、纤维、烟酸、钾、钠、锌、钙、磷等营养物质，具有清暑解渴、养颜瘦身等功效。

腊鸭腿炖黄瓜

[原料]

腊鸭腿…300克
黄瓜…150克
红椒…20克
姜片…少许

[调料]

盐、鸡粉…各3克
胡椒粉…适量
料酒、食用油…各适量

[做法]

❶ 洗净的黄瓜去子，切块；洗好的红椒去子，切片。
❷ 锅中注水烧开，倒入腊鸭腿，汆片刻，捞出，沥干水分，装入盘中备用。
❸ 油爆姜片，倒入腊鸭腿，淋入料酒，炒匀。
❹ 注入适量清水，倒入黄瓜，拌匀，小火炖20分钟至食材熟透。
❺ 倒入红椒，加入盐、鸡粉、胡椒粉，翻炒片刻至入味。
❻ 关火后盛出炒好的菜肴，装入盘中即可。

黄瓜含有蛋白质、粗纤维、维生素B_1、维生素C、磷、铁等营养成分，具有降低血糖、清热利水等功效。

核桃蒸蛋羹

[原料]

鸡蛋…2个

核桃仁…3个

[调料]

红糖…15克

黄酒…5毫升

[做法]

❶ 备一个碗，倒入温水，放入红糖，拌至溶化。

❷ 备一空碗，打入鸡蛋，打散至起泡，往蛋液中加入黄酒，拌匀。

❸ 倒入红糖水，拌匀，待用。

❹ 蒸锅中注水烧开，揭盖，放入处理好的蛋液，用中火蒸8分钟。

❺ 取出蒸好的蛋羹，将核桃仁打碎，撒在蒸熟的蛋羹上即可。

抗霾功效 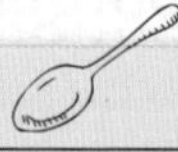

核桃含有蛋白质、不饱和脂肪酸、维生素E、B族维生素、钾、镁等营养物质，具有滋补肝肾、强健大脑等多种作用。

核桃花生木瓜排骨汤

[原料]

核桃仁…30克
花生米…30克
大枣…25克
排骨块…300克
青木瓜…150克
姜片…少许

[调料]

盐…2克

[做法]

❶洗净的木瓜切块。
❷锅中注入适量清水烧开，倒入排骨块，氽片刻，捞出。
❸砂锅中注水，倒入排骨块、青木瓜、姜片、大枣、花生米、核桃仁，拌匀。
❹加盖，大火煮开转小火煮3小时至食材熟透。
❺揭盖，加入盐，搅拌片刻至入味即可。

抗霾功效

木瓜含有蛋白质、水、维生素A、维生素C、维生素E及铁、钠、钙等营养成分，具有健脾止泻、增强抵抗力、通乳抗癌等功效。

胡萝卜凉薯片

[原料]

去皮凉薯…200克
去皮胡萝卜…100克
青椒…25克

[调料]

盐、鸡粉…各1克
蚝油…5毫升
食用油…适量

[做法]

❶ 洗净的凉薯切片；洗好的胡萝卜切片；洗净的青椒去柄，去子，切块。
❷ 热锅注油，倒入胡萝卜，炒拌，放入凉薯，炒至食材熟透。
❸ 倒入切好的青椒，加入盐、鸡粉，炒拌。
❹ 注入少许清水，炒匀，放入蚝油，翻炒入味即可。

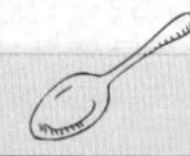

胡萝卜含有葡萄糖、胡萝卜素、维生素A、钾、钙等营养物质，具有滋润肌肤、抗衰老、保护视力、帮助改善夜盲症等功效。

糙米胡萝卜糕

[原料]

去皮胡萝卜…250克
水发糙米…300克
糯米粉…20克

[做法]

❶ 洗净的胡萝卜切片，改切细条。
❷ 取一碗，倒入胡萝卜条，放入泡好的糙米。
❸ 加入糯米粉，注入适量清水，将材料拌匀，盛入碗中。
❹ 蒸锅注水烧开，放入上述拌匀的食材，用大火蒸30分钟至熟透。
❺ 取出蒸好的糙米胡萝卜糕，凉凉，倒扣在盘中。
❻ 将糕点切成数块三角形，摆放在另一盘中即可。

胡萝卜含有葡萄糖、胡萝卜素、维生素A、钾、铁、钙等营养物质，具有滋润肌肤、抗衰老、保护视力、降血降脂等功效。

CHAPTER 4 八种益肺的良药，助力你的防霾计划

几千年的中医药文化为人类发展立下了不可磨灭的功绩。
近年来在各个领域中医药都被广泛关注，
如美容行业、饮食保健行业……
如今随着雾霾天气的逐渐加剧，
利用中医药除霾也被广泛关注。
我们知道，通过中药养生可以增强自身免疫力，
改善体质，增强抗病能力，调节全身功能平衡……
最后达到减少雾霾伤害或抗击雾霾的作用。
本章将列举八种具有益肺作用的中药，
告诉大家如何服用，帮助大家抗击雾霾。

中医看雾霾

雾霾是伤身之邪气

古有炼丹治病，而古人在炼丹时都会用“盐泥”密封丹鼎，其目的是防止丹鼎内化合物的升华、分解或还原时泄漏于大气中，造成危害。古人的这一操作方法表明，中医早已认识到有些化学过程会污染大气的。

我国古人不仅对大气污染有了解，同样对污染造成的后果有清晰的认识，如《医说》“气昏人病”，如《政和正类本草》《北医宝鉴杂病篇》及《世补齐医书》等也有文献记载，把受污染的大气，称为“瘴毒”“毒雾”“烟瘴”等，并说可引起急性中毒或过敏。古人对受到大气污染的降水，也认识到其危害，而称之为“瘴雨”，多谓烟瘴地区降雨，但由《癸辛杂识续集》卷上称“天雨尘土”“鼻皆辛酸”可知，所谓瘴雨乃是一种酸性雨，可能是现代科学所称酸雨的最早记载。

以上足见古人对大气污染，其认识是比较全面的。只因当时没有统一名称，受污染的大气被称为瘴气、毒雾、毒烟、冷烟气、白气、宝气等，容易被人忽略，而不为人所注意。

《景岳全书》曰：“瘴气惟染劳役伤饥之人者此也。”又曰：“凡劳役伤饥之人，皆内伤不足者也，所谓邪气伤虚不伤实，同一理也。”是说受污染大气侵袭的多是体力劳动、生活水平低下的人，原因是他们“正气”不足。这符合“邪气”多侵袭体虚的人，少或不侵袭体强的人的道理。

由上我们可以看出，现今所说的雾霾，其实就是古人所说的瘴气，就是对人体有伤害的“邪气”之一，而且这个“邪气”最近不断地侵袭着我们的健康，并且将在未来很长一段时间继续影响着我们的生活与健康。

培固正气，狙击邪气

正气是指人体的脏腑、经络、气血的功能和抗病、康复的能力，脏腑、经络、气血的功能决定着抗病和康复的能力。因此，保健养生也就是要想办法增强脏腑、经络、气血的功能，而其关键就是养“正气”。

一般情况下，人体正气旺盛，足以抗御邪气的入侵，即使受到邪气侵犯，也能消除其不良影响，因此不会发生疾病。当正气不足，即正气相对虚损或已经虚损，或正气因故而一时虚损，未及时恢复，则无力抗御邪气，不能及时消除邪气对人体的不利影响，处于正虚邪盛力量对比的情况下，则容易发生疾病。

对于外感疾病而言，正气的抗御邪气和消除邪气对人体的不利影响主要体现在肺卫方面，包括皮肤的屏障作用和五官清窍御邪的作用两方面。五窍中主要指鼻窍，因为“肺开窍于鼻”。皮肤能担当抗邪作用必须厚而致密，如《素问・生气通天论》所说“清静则肉腠闭拒，虽有大风苛毒，弗之能害”，是说皮肤厚而致密，纵然有强大的外邪，身体也不会受到侵害。人体卫气行于脉外，遍布周身，充于腠理，盛于肌肤，以固肌表，以护百骸，起着极其重要的抗邪作用。《灵枢・本藏》也说：“卫气者，所以温分肉、充皮肤、肥腠理，司开合者也”，是说卫气可以渗泄体液、流通气血，有抵御外邪的功能。

肺通过鼻窍吸入天地间清气，以构成人体正气的一部分，从而维持正常的人体生理活动。鼻窍不但具有阻挡灰尘的天然屏障作用，而且能够温暖、湿润所吸入的清气。肺为娇脏，最易受邪气所扰。而经过预处理之气，与肺脏所处内环境相应，则不致刺激气道、肺脏。同时，卫气布于鼻窍，鼻腔黏膜亦具有抗病驱邪能力。若鼻窍失其司守，或外环境过于寒凉，使清气不能充分被鼻窍预处理，则清气亦成致病邪气，刺激气道，伤害娇脏，而病成矣。

八种益肺的抗霾良药

胖大海：护嗓开音抗雾霾

食用注意

胖大海药性偏寒，能促进小肠蠕动，有泻下的作用。肠胃不好的人若长期服用，会引起腹泻和身体消瘦，对于自身有腹泻的患者，如果长期服用胖大海，则使病情加重。

说起胖大海，想必人人都非常熟悉，其清除肺热、止咳化痰的效果非常好，老百姓很喜欢泡服胖大海来保护嗓子。有些人是因为气候干燥，嗓子不舒服；还有些职业人士，如教师、歌唱演员等，用嗓过度，也会觉得咽喉不适；更有些烟民长期吸烟，落下慢性咽炎的毛病，他们都很喜欢喝胖大海茶。

胖大海又名大海、大海子、大洞果、大发，因其一得沸水，裂皮发胀，几乎充盈了整个杯子，由此得名。胖大海味甘、性凉，归肺、大肠经，中医认为，它具有清肺热、利咽喉、解毒、润肠通便之功效。常被用于声音嘶哑、咽喉疼痛、干咳无痰、头痛目赤、热结便秘以及用嗓过度等情况，对于外感引起咽喉肿痛、急性扁桃体炎等咽喉疾病也有一定的辅助疗效。尤其在雾霾天，有些人感到口干舌燥、咽痒不适，这时服用胖大海，便可起到生津润燥、养阴护肺、预防感冒的作用。

那么，胖大海怎么服用才好呢？人们惯用的方法就是用它泡水喝。你可以使用胖大海2~3枚，用沸水浸泡10分钟后加适量蜂蜜即可饮用。这种泡水的方法不仅能够改善声音嘶哑、咽喉肿痛等症状，还能够清热润肠、通利大便，对便秘患者极为有益。你也可以选择金银花、苦桔梗、蝉衣、薄荷、麦冬、菊花、桑叶等中药来与胖大海进行搭配使用，如胖大海配伍蝉蜕，可以治疗肺气不宣所致的失音；配伍鱼腥草、芦根等，可用于治疗肺热引起的咳嗽等。

金银花麦冬胖大海茶

[原料]

金银花…8克
麦冬…20克
胖大海…10克

[调料]

白糖…15克

[做法]

❶ 砂锅中注入适量清水烧开，倒入备好的金银花、麦冬、胖大海，用勺拌匀。
❷ 盖上盖，用小火煮20分钟，至其析出有效成分。
❸ 揭开盖，放入白糖，拌匀，煮至白糖溶化。
❹ 盛出煮好的药茶，装入碗中即可。

胖大海薄荷玉竹饮

[原料]

胖大海…15克
玉竹…12克
薄荷…8克

[调料]

冰糖…30克

[做法]

❶ 砂锅中注入适量清水烧开，倒入洗净的胖大海、玉竹、薄荷，搅拌均匀。
❷ 盖上盖，烧开后用小火煮15分钟，至药材析出有效成分。
❸ 揭开盖，放入备好的冰糖，搅匀，煮至冰糖溶化。
❹ 将煮好的药汤盛出，装入碗中即可。

罗汉果：清咽利肺第一药

食用注意

罗汉果可以重复冲泡，一般冲泡2~3次后即可换新果。但切记不可将罗汉果持续泡水超过一天，否则容易使茶中滋生细菌，反而伤害身体健康。

罗汉果原产自广西，又名拉汗果、假苦瓜、白毛果等，常被用来治疗百日咳、痰多咳嗽、肠燥便秘、急性气管炎、急性扁桃体炎、咽喉炎、咽痛失音等。

中医认为，罗汉果味甘性凉，有清热润肺、止咳化痰、润肠通便的功效。用少许罗汉果冲入开水浸泡，是一种极好的清凉饮料，可以有效预防呼吸道感染。身处空气污染环境的人常年服用，不仅能减轻雾霾引起的不适，还能驻颜美容、延年益寿，且无任何不良反应。

现代医学研究也证实，罗汉果中含有丰富的果糖、罗汉果甜苷及多种人体必需的微量元素。其中，罗汉果甜苷是罗汉果之精华，其甜度相当于蔗糖的300倍，且具有降血糖作用，是肥胖症、高血压、糖尿病、心脏病等患者最好的甜味剂。常吃罗汉果，还能降低血脂，减少脂肪堆积，对于治疗肥胖症、高血脂等很有益处。

现在环境污染很严重，人为制造的废气、汽车尾气、工厂污染，还有施工的粉尘污染等，很容易引发咽喉疼痛、嗓子发干、咳嗽等症状。尤其每当换季时，因冷热交替，花粉、细菌等刺激，这些症状往往愈发严重。其实，如果你只是单纯感觉咽喉不适，每天泡一些罗汉果茶饮用，能起到清热润肺、止咳、利咽的作用。

在雾霾天，一般选择午后喝罗汉果清肺止咳的效果最好。因为清晨的雾气最浓，人体在上午吸入的灰尘杂质比较多，到了中午，雾差不多就散去了，喝点罗汉果茶能起到及时清肺的作用。

罗汉果灵芝甘草糖水

[原料]

罗汉果…6克

灵芝…少许

甘草…少许

[调料]

冰糖…20克

[做法]

❶ 砂锅中注入适量清水烧热，倒入备好的罗汉果、灵芝、甘草。

❷ 盖上盖，烧开后用小火煮约1小时，至其析出有效成分。

❸ 揭开盖，放入冰糖，拌匀。

❹ 盖上盖，用小火煮至冰糖溶化，盛出糖水，滤入碗中即可。

罗汉果桂圆茶

[原料]

罗汉果…45克

桂圆肉…35克

[做法]

❶ 砂锅中注入适量清水烧开。

❷ 放入备好的罗汉果、桂圆肉，搅拌匀。

❸ 盖上盖，用小火煮约20分钟至食材熟透。

❹ 揭开盖，搅拌匀，盛出煮好的茶，装入碗中即可。

无花果：美食良药润嗓子

食用注意

脂肪肝患者、脑血管意外患者、腹泻者、正常血钾性周期性麻痹、寒性胃痛等患者不适宜食用无花果；大便溏薄者不宜生食无花果；未成熟的生无花果不能食用。

无花果，又名天生子、文仙果、密果、奶浆果等，为桑科植物。它原产亚洲西部地区，汉唐时期引入我国栽种，现分布于新疆、四川、江苏、山东、河南等地。在《圣经》和《古兰经》中，它又称为生命果、太阳果。

中医认为，无花果性平，味苦，入肺、脾、大肠经，可治疗消化不良、肠炎、痢疾、便秘、痔疮、喉痛、痈疮疥癣等病症。现代科学研究同样证明，无花果的确是一种不可小视的果品，含有丰富的蛋白酶、淀粉酶、酵母素，以及钙、磷、镁、铜、锰、锌、硼等多种人体必需酶和微量元素。尤其是维生素C的含量最高，是葡萄的20倍。经常食用无花果，可以保护咽喉，增强人体免疫力，还能有效预防疾病。

时下天气反复无常，一波接一波的雾霾严重摧残着我们敏感又脆弱的呼吸系统，很多人出现了咽喉疼痛、声音嘶哑、咳嗽、吞咽困难等症状。此时，你不妨将无花果搬上餐桌，食用无花果菜肴来滋润一下干痒的嗓子。尤其是雾霾天在外奔波的男人，再加上烟酒的摧残，急需无花果这个“健康守护神”的关怀。这里，为大家推荐一道以无花果为主的防霾汤水——无花果炖猪肺。

首先，准备无花果（干）100克，猪肺1个，大枣2枚，陈皮、老姜各适量。然后，将猪肺彻底清洗干净，反复灌水清理内部，再将猪肺切成块，在沸水中焯一遍。接着，把猪肺放入砂锅，加清水烧开，撇去血沫，加入干无花果、大枣、陈皮和老姜，用小火煲90分钟即可食用。

无花果葡萄柚汁

[原料]

葡萄柚…100克

无花果…40克

[做法]

❶ 洗净的葡萄柚去皮，切成小块；处理好的无花果去子，待用。

❷ 备好榨汁机，倒入葡萄柚块、无花果，倒入适量的凉开水。

❸ 盖上盖，调转榨汁机旋钮至1档，榨取果汁。

❹ 打开盖，将榨好的果汁倒入杯中即可。

包菜无花果汁

[原料]

包菜…80克

无花果…30克

酸奶…100毫升

[调料]

蜂蜜…30克

[做法]

❶ 洗净的包菜切块；洗净的无花果切碎，待用。

❷ 榨汁机中倒入包菜块和无花果碎，加入酸奶，注入70毫升凉开水。

❸ 盖上盖，榨约25秒成蔬果汁。

❹ 揭开盖，将榨好的蔬果汁倒入杯中，淋上蜂蜜即可。

青果：泡茶饮用益处多

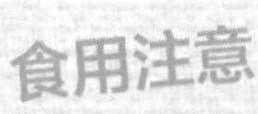

食用注意

青果不宜跟铁接触，这是因为新鲜的青果中含有大量的生物碱，与铁器接触后会发生化学反应，产生的化学物质会对身体健康不利。

青果就是我们平时所说的橄榄，北方称其为青果，南方称之为橄榄。青果成熟于冬季，为冬、春季节稀有应市果品。其果实为硬壳肉果，呈纺锤形，不论它们成熟与否，外表都呈现一种青色。

初次食用时，会有一种酸、涩、苦的感觉，嚼得久了，味道才渐渐转为清甜，令人满口生津、余味无穷。青果经蜜渍后香甜无比，风味宜人，是人们茶余饭后的食用佳品。青果还可以加工成五香橄榄、丁香橄榄、甘草橄榄等零食。

中医认为，青果性平，味甘、涩、酸，入肺经、胃经，具有清肺热、利咽喉、理气止痛、生津化痰、解毒的功效。关于青果的功效，在历代医书上多有记载。如《本草备要》说它是肝胃之果，作用有三：一是清咽生津，二是除烦醒酒，三是解河豚毒。《本草再新》也认为，青果具有平肝开胃、滋养肺阴、清痰理气的功效；《日华子本草》则说其“开胃、下气、止渴”。青果最常用于咽喉病症，李时珍在《本草纲目》中就强调它“治咽喉痛”的功效。

民间常说“冬春青果赛人参”，在冬、春雾霾较为严重时，正是青果在市场上“露面”的时节，这个时候你不妨买些回家，闲来无事冲泡饮用，便可起到清肺利咽、生津解毒的效果，以预防雾霾所致的急性、慢性咽喉炎。此外，饮用青果茶还能除烦解酒，排除油腻食积，具有独特的减肥、降压、降血脂、降血糖、抗衰老的功效，是中老年人理想的保健品。

青果芦根红糖水

[原料]

青橄榄…40克

芦根…15克

[调料]

红糖…10克

[做法]

❶ 砂锅中注水烧开，倒入洗净的芦根，用中火煮至药材析出有效成分。

❷ 捞出药材，再放入洗净的青橄榄。

❸ 转大火煮约3分钟，至其变软，再加入红糖，搅拌至红糖溶化，盛出煮好的芦根茶，装在杯中即可。

西红柿鸡蛋橄榄沙拉

[原料]

西红柿…100克

熟鸡蛋…1个

去核黑橄榄…20克

罗勒叶、洋葱…各少许

[调料]

盐、黑胡椒…各1克

橄榄油…少许

[做法]

❶ 洗好的西红柿切片，摆盘待用。

❷ 洗净的洋葱横刀切再拆成圈；去核的黑橄榄切成小圈；熟鸡蛋切粗片。

❸ 在西红柿上依次放入切好的洋葱、鸡蛋、黑橄榄。

❹ 撒上盐，淋入橄榄油，撒入黑胡椒，放上罗勒叶点缀即可。

麦冬：跟慢性咽炎说“NO”

食用注意

麦冬性寒质润，如身体没有毛病，或是脾胃虚寒、气虚明显，这时用麦冬调养的话，反而会引发痰多口淡、胃口欠佳等不良反应。

麦冬为百合科多年生草本植物麦门冬的块根，又叫麦门冬、沿阶草、书带草。这种植物外表很不出奇，其花色彩淡紫，没有牡丹等花艳丽，也没有幽香的气味。然而，这种植物的叶片很多，冬天常青不焦枯，呈飘带一样的形状，当一阵微风吹过时，麦冬的叶子随风起舞，看起来非常淡雅，极具书香气，人们习惯用它来点缀花园、阳台、书屋。

中医认为，麦冬性寒，味甘、微苦，有滋阴之功，能养阴生津、润肺清心，并具有润肠通便的作用。其既善于养肺胃之阴，又可清心经之热，是一味滋清兼备的补益良药，常用于外感燥邪，肺阴被伤而干咳无痰或痰少且黏，以及痰中带血等症。

此外，经现代药理学证实，麦冬还含有多种甾体皂苷、氨基酸、葡萄糖、维生素、钾、钠、钙、镁、锌、铬等营养物质，能够有效治疗心律失常，防治心血管疾病，还有增强机体免疫力、清除体内自由基、降低血糖的作用。

如今，雾霾天气的出现，导致我们工作环境中的空气被粉尘、化学气体污染，加之烟酒、辛辣饮食、精神压力等外因刺激，所以很多人都患上恼人的慢性咽炎。对于原先患有本病的人群来说，空气中颗粒物的增加，也会使旧病复发，进而出现鼻子干燥、喉咙干痛、口渴、干咳、声音沙哑、恶心等症状，严重影响到他们的正常生活。这时麦冬就可以派上用场，麦冬对付慢性咽炎非常有效果，尤其能够抑制外界污染诱发的慢性咽炎复发，经常使用，可有效抵御颗粒物和细菌对咽喉的伤害。

人参麦冬茶

[原料]

人参…60克

麦冬…20克

[做法]

❶ 备好的人参切片，待用。

❷ 蒸汽萃取壶接通电源，往内胆中注水至水位线，放上漏斗，倒入人参片、麦冬。

❸ 扣紧壶盖，按下“开关”键，选择“萃取”功能，机器进入工作状态。

❹ 待机器自行运作5分钟，指示灯跳至“保温”状态，断电后取出漏斗，将药茶倒入杯中即可。

麦冬胖大海菊花茶

[原料]

菊花…8克

麦冬…10克

胖大海…10克

[调料]

白糖…10克

[做法]

❶ 砂锅中注水烧开，倒入菊花、麦冬、胖大海，用勺拌匀。

❷ 盖上盖，用小火煮20分钟，至其析出有效成分。

❸ 揭开盖，放入适量白糖，拌匀，煮至白糖溶化。

❹ 盛出煮好的药茶，装入碗中即可。

灵芝：药用真菌中的清肺明星

食用注意

有少部分人在服用灵芝之后会出现过敏的情况。如果患者是属于这种过敏体质，那么建议不要服用灵芝，避免身体出现危害。

在我国最早的药学著作《神农本草经》中，就把灵芝列为上品药物，并将其分为青、赤、黄、白、黑、紫六种。后来，李时珍又在《本草纲目》中论述了这六种灵芝的作用，如赤芝“主治胸中结，益心气，补中，增智，不忘”；紫芝“治耳聋，利关节，保神，益精气，坚筋骨，好颜色”……而这六种灵芝久服都有轻身、不老、延年的功效。由此可见，古人认为灵芝是可以延年益寿、养生保健的良方。

到了近代，在《中药大辞典》里面也有关于灵芝的记载，说其“治虚劳、咳嗽、气喘、失眠、消化不良”。的确如此，灵芝在临床的应用相当广泛，对症病种涉及呼吸、循环、消化、神经、内分泌及运动等各个系统，涵盖内、外、妇、儿、五官各科。正因如此，2010年灵芝正式被收录在《美国草药药典》中。

如今雾霾严重，多数人早上起来喉头发痒、有痰，每天服一碗灵芝汤就能使肺部炎症得到清理，使呼吸道顺畅，体内二氧化碳能更多排出体外，增加血液里面含氧量，进而使人感到精力充沛、脸色红润。随着循环系统的改善，大多数人的睡眠质量也会相应提高，肝脏功能得到改善，从而增强身体免疫力。除此之外，灵芝还是入肾经的，有排毒作用。肿瘤患者服用灵芝能减轻放、化疗的不良反应，就是它入肾排毒在起作用。

市场上的灵芝有人工灵芝和野生灵芝之分，而用灵芝来清除肺内灰尘，建议大家选择野生灵芝效果会比较好。

灵芝大枣茶

[原料]

大枣…50克

灵芝…30克

[做法]

❶ 洗净的大枣剪开，去核，待用。

❷ 取出萃取壶，通电后往内胆中注入清水至最高水位线，放入漏斗。

❸ 倒入去核的大枣、灵芝，扣紧壶盖，按下“开关”键，选择“萃取”功能，煮至药材有效成分析出。

❹ 待指示灯跳至“保温”状态，拧开壶盖，取出漏斗，将煮好的药膳茶倒入杯中即可。

灵芝甘草茶

[原料]

灵芝…12克

甘草…8克

蜜枣…20克

[做法]

❶ 砂锅中注水烧热，倒入洗净的灵芝。

❷ 放入洗好的甘草，撒上备好的蜜枣。

❸ 盖上盖，烧开后转小火煮约60分钟，至药材析出有效成分。

❹ 揭盖，搅拌几下，关火后盛出煮好的甘草茶，装在茶杯中，趁热饮用即可。

百合：增强呼吸道的自洁能力

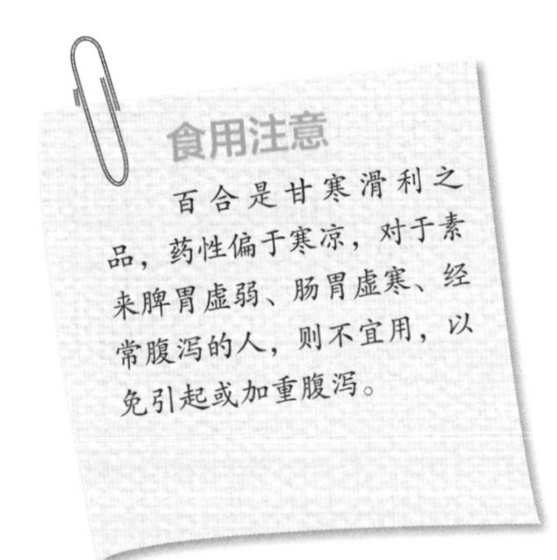

百合最早记载于《神农本草经》，用于治疗疾病已有2000多年的历史，备受历代医家推崇。比如东汉医学经典著作《金匮要略》中有治疗肺伤咽痛、咳喘痰血等症的名方“百合固金汤”。用药所取的百合，即百合科植物的鳞茎，因其瓣片紧抱，“数十片相摞”，故名“百合”。人们常将百合看作团结友好、和睦合作的象征。

中医认为，百合不仅可以养阴润肺，治疗阴虚肺热之燥咳，还可以清心安神，治疗虚烦惊悸、失眠多梦等，或因过食煎、炒、油炸食品后感觉燥热时食用。在我国南方，人们很喜欢用百合、莲子煲糖水喝，以润肺正气。目前，中医常用百合组方治疗口腔溃疡、白塞氏综合征、慢性咽喉炎、肺结核等，效果非常显著。

近几年一进入金秋，空气质量便迅速下降，雾霾出现越来越频繁，加之气候干燥，正是肺部特别容易受到侵袭的时候。尤其是在大城市上班的人们经常早出晚归，而早、晚时间段是雾霾污染最严重的时间，所以很多人年纪轻轻就出现了肺部疾病。

这个时候我们应该选用具有补肺润燥的食物，给自己的肺穿上滋润温暖的外套。补肺的食物首选白色，因为按照传统理论，白色入肺，而洁白如雪的百合正是首选，常食百合可以补肺润燥、止咳祛痰、补养身体、增强呼吸道的自洁能力，使人精神焕发、消除疲劳。

百合椰姜饮

[原料]

鲜百合…70克

去皮姜片…30克

椰奶…100毫升

[调料]

蜂蜜…30克

[做法]

❶ 洗净去皮的姜片切粒。

❷ 沸水锅中倒入洗净的百合，汆烫片刻，捞出。

❸ 榨汁机中倒入生姜粒，放入汆好的百合，倒入椰汁，榨约15秒成百合椰姜饮。

❹ 断电后将榨好的百合椰姜饮倒入杯中，淋上蜂蜜即可。

润肺百合蒸雪梨

[原料]

雪梨…2个

鲜百合…30克

[调料]

蜂蜜…适量

[做法]

❶ 将洗净去皮的雪梨从四分之一处切开，掏空果核，制成雪梨盅。

❷ 装在蒸盘中，填入洗净的鲜百合，淋上蜂蜜，待用。

❸ 备好电蒸锅，烧开水后放入蒸盘，蒸至食材熟透。

❹ 取出蒸盘，稍微冷却后即可食用。

金银花：消除雾霾“后遗症”

食用注意

消化不良的人群不要食用金银花；孕妇和婴儿忌食用金银花，孕妇食用后对胎儿有影响，婴儿食用后会消化不良；女性经期不要食用金银花。

金银花又名双花、二宝花、银花，主产于山东、河南、浙江等地，为忍冬科植物忍冬的干燥花蕾。金银花性微寒，味甘，是一种可以清热的圣药。

在我国长江以南各省，尤其是广东、广西等地，一到夏季，人们就会饮用金银花制品来清热解暑、清疮祛痱、保护食欲。在我国农村也有这样一个习惯，在端午节前后，给儿童喝几次金银花茶，可以预防暑季热疮的发生。在盛夏酷暑之际，喝一杯金银花茶，又能预防中暑、肠炎、痢疾等症。

《本草纲目》中说：“金银花，善于化毒，故治痈疽、肿毒、疮癣……”所以，自古以来，金银花常被用于治疗温病发热、热毒血痢、疮疡等症，也用于风热感冒、支气管炎等病症。金银花是治疗和预防人体呼吸系统疾病的重要用药选择，能够有效帮助人体战胜一些雾霾“后遗症”。

现代药理研究证明，金银花中含有肌醇、黄酮类、皂苷及鞣质等，对金黄色葡萄球菌、痢疾杆菌等多种致病菌均有较强的抑制作用，对于流感病毒、上呼吸道感染也有着抑制的作用；金银花能够促进淋巴细胞转化，增强白细胞的吞噬功能，进而增强人体免疫力。除此之外，金银花还具有明显的抗炎及解热的作用，并且使用起来安全、无毒副作用。

每天用20克金银花泡茶饮用，不仅能让你感到肺部畅通，气管舒畅，而且能让你在室外有效避免PM2.5的吸入，即使你不慎吸入颗粒物，通过饮用金银花茶，也能有效地帮助我们排出吸入的PM2.5毒害物质，清理干净我们的肺部。

蒲公英金银花茶

[原料]

蒲公英…5克
金银花…7克

[做法]

❶ 砂锅中注入适量清水烧开，倒入洗净的蒲公英、金银花，搅拌均匀。
❷ 盖上盖，烧开后用小火煮约10分钟，至药材析出有效成分。
❸ 关火后揭盖，盛出煮好的药茶，滤入茶杯中，趁热饮用即可。

金银花连翘茶

[原料]

金银花…6克
甘草、连翘…各少许

[做法]

❶ 砂锅中注入适量清水烧热，倒入备好的金银花、甘草、连翘。
❷ 盖上盖，烧开后用小火煮约15分钟至其析出有效成分。
❸ 揭盖，搅拌均匀，盛出药茶，滤入茶杯中即可。

CHAPTER

— 5 —

娴暇时光，到空气纯净的地方“洗洗肺”

不知从什么时候开始，

我们发现，想要呼吸清新空气越来越困难。

城市上空的蓝天经常被雾霾遮挡，

汽车排放的尾气，空气中漂浮的粉尘，

都让我们的呼吸变得困难。

当我们厌倦了城市的高楼大厦、喧嚣污浊的PM2.5，

不如趁着闲暇时光，

到空气好的森林、海边……

只求深深呼吸，静静地远眺观景。

到森林里吸吸氧

随着城市上空的蓝天没有了笑脸，汽车排放的尾气、空气中漂浮的粉尘，让大家的呼吸变得困难。你是否会厌倦城市的水泥丛林、喧嚣污浊和PM2.5？不如趁着假期到空气好的森林去，深深地呼吸，安静地看景。

城市中“云山雾绕”，如入仙境般，哪里才是“安全区”呢？往往我们会想躲在家里，紧闭门窗，这样给我们带来安全感。其实我们忽略了大自然赐给人类的最大财富，那就是广袤的森林。

森林生态系统不仅具有除尘、净化空气的功能，还可以减轻和治理污染，阻滞和吸收大气中的颗粒物，降低其危害。这些对于现代人来讲，都毋庸置疑。而植物最突出的作用便是可以产生氧气的光合作用，让森林成为天然的“氧吧”。于是不少人开始到大自然中去感受大森林的乐趣，去领略大森林对人体的各种益处。

我们不妨带上家人，一起到空气清新的大森林里尽情地吸吸氧吧！当你步入苍翠碧绿的林海里，会骤感舒适，疲劳消失。森林中的绿色，不仅给大地带来秀丽多姿的景色，而且它能通过人的各种感官，作用于人的中枢神经系统，调节和改善机体的机能，给人以宁静、舒适、生机勃勃、精神振奋的感觉，从而增进健康。

森林——绿色的保护与屏障

据调查，绿色的环境能在一定程度上减少人体肾上腺素的分泌，降低人体交感神经的兴奋性。它不仅能使人平静、舒服，而且还能增强人的听觉和思维活动的灵敏性。科学家们经过实验证明，绿色对光反射率达30%~40%时，对人的视网膜组织的刺激恰到好处，它可以吸收阳光中对人眼有害的紫外线，进而使人恢复眼疲劳，保持愉悦的情绪。

最主要的是，森林中的植物，如杉、松、桉、杨、圆柏、橡树等能分泌出一种带有芳香味的单萜烯、倍半萜烯和双萜类气体“杀菌素”，能杀死空气中的白喉、伤寒、结核、痢疾、霍乱等病菌。据调查，在干燥无林处，每立方米空气中，含有400万个病菌，而在林荫道处只含60万个，在森林中则只有几十个了。

此外，森林还有调节小气候的作用，据测定，在高温夏季，林地内的温度较非林地要低3~5℃。在严寒多风的冬季，森林能使风速度降低而使温度提高，从而起到冬暖夏凉的作用。森林中植物的叶面还有蒸腾水分作用，它可使周围空气湿度提高。

公园晨练需知

虽然森林有种种好处，但也不是可以不加选择的。比如现在有的市区或者近郊都会把大片的林带作为公园，既方便市民休闲、锻炼，又能起到绿化、改善环境的作用，大家也都喜欢去公园晨练。但经专家研究发现，9:00以前、21:00之后，林内的PM2.5浓度比林外要高。主要原因是晚上相对风速小、湿度高，PM2.5在林带中难以扩散出去，所以这个时间并不适合到林内，而9:00以后再进入林内是最好的选择。

还有一点要注意的是，植物也会产生颗粒物，比如植物的花粉以及散发出来的气味等有机挥发物的分子，也属于PM2.5的范围，所以，在不同的生长阶段、不同时期，植物也可能变成PM2.5的生产者。那么选择时间与地点也是比较重要的。我们可以选择离市区稍远、阔叶树木较多的森林，真正享受原生态的森林带给我们的惬意。

感受大海的神奇

对于生活在内陆的人来说，大海给予他们的是无尽的联想与向往。海洋令人敬畏，他的广阔更让人心胸开阔。海的神秘与美丽有一种神奇的吸引力，越来越多的人奔向海边度假，享受阳光沙滩带给自己的放松与浪漫。其实，在雾霾肆虐的今天，到海边享受一下生活也是不错的选择。

海洋在净化空气方面的功劳是非常大的。我们并不知道，我们在睡梦中时，大海却在默默地清理空气。不仅海风本身有吹散有害物质颗粒的作用，而且海洋表面能在晚上净化、过滤污染空气中的氮氧化物。由于海水中富含盐，海的表面时时刻刻在发生多种多样的化学反应。这些盐类能够与空气中的氮化物发生反应，经过一系列反应之后，最后形成臭氧回归到空气中。海洋中易形成降雨，将空气中的有毒物质凝结，落入大海或者降落到地面。这就是为什么我们会感觉海边的空气格外清新的原因之一。

大海的神奇作用

有些沿海地区可以保持平均气温都在20℃左右，气候适宜，四季都很舒适。由于空气中的负氧离子含量极高，因此在海边呼吸就相当于“洗肺”。海滨气候所具备的特有的综合作用，可协调机体各组织器官的功能，对许多慢性疾患，如神经衰弱、支气管

炎、结核病、心血管系统疾患、高血压、气喘、流感、失眠、关节炎、烧伤等治疗有神奇的效果；对佝偻病、坏血病的控制有很好的效果；而且还能改善肺部的换气功能，促进新陈代谢，提高免疫力；使大脑皮质的抑制作用加强，调整大脑皮质功能；松弛支气管平滑肌，解除其痉挛；让红细胞沉降率变慢，凝血时间延长；加强肾、肝、脑等组织的氧化作用。

休闲之余多吃海产品

海中丰富的生物资源也为我们提供了丰富的营养物质，蛋白质就是其中之一。例如，海带营养价值就很高，除了富含蛋白质，还含有丰富的膳食纤维、钙、磷、铁、胡萝卜素、维生素B_1、维生素B_2、烟酸及碘等多种微量元素。在休闲度之余多吃些海产品，能起到排除身体毒素、增强抵坑力的效果，还能从另一方面减轻雾霾给我们的健康造成的负面影响。

由此可见，海洋对于空气净化与促进人们的身体健康功不可没，即便是仅仅站在海边吹吹海风、极目远眺都是养生，甚至是治病，这真是无比的神奇。想象人们在海水中尽情嬉戏之后，再躺在细软、洁净的沙滩上沐浴阳光，傍晚一家人围坐在篝火旁，一边享用着海洋带给我们的健康美味，一边享受海风送来的阵阵清新空气，将是多么温馨惬意。还等什么，快到天涯海角来，远离雾霾，靠近健康。

置身于辽阔的草原

辽阔的草原给我们什么印象？空气新鲜、阳光灿烂、蓝天白云，各种明媚清新的感觉。不错，草原也是远离空气污染、逃离雾霾的最佳去处之一。

草原总是给人身心松弛的感觉，来到这总是会让人不禁多呼吸几下空气，不免身心陶醉。草原作为地球的“皮肤”，在防风固沙、涵养水源、保持水土、净化空气及维护生物多样性等方面具有十分重要的作用，也是我国面积最大的绿色生态屏障。

徜徉绿色，回归自然

一方面，草原对大气候的局部气候具有调节功能。草原通过对温度、降水的影响，改善气候对环境和人类的不利影响。草原植物通过叶面蒸腾，能提高环境的温度、增加降水量，缓解地表温度上升，增加水循环的速度，从而起到调节小气候的作用。在水草丰美地区的周围，环境湿度较大，在植被茂密的草原上空，很容易形成降雨，改善环境，调节气候。因此空气显得格外清新，天空也显得更加湛蓝。草原的碳汇功能也非常强大，与森林、海洋并成为地球的三大碳库。健康的草原生态系统可起到维持大气化学平衡与稳定，抑制温室效应的作用。

另一方面，草原简直就是一个巨大的天然氧吧。这里没有裸露的土地，覆盖着大面积绿色植被，有风也不会起尘。这些草原植物通过光合作用进行物质循环的过程中，可吸收空气中的二氧化碳并释放出氧气。草原还是一个良好的“大气过滤器”，能吸收、固定大气中的某些有害、有毒气体。据研究，很多草类植物能把氨、硫化氢合成为蛋白质；能把有毒的硝酸盐氧化成有用的盐类，减少污染，改善空气质量。

尽情在草原上欢呼

现在，越来越多的人也选择背起行囊，奔赴草原“避霾”。在辽阔的草原上策马扬鞭，既愉悦身心，又锻炼筋骨。这里景色秀美壮观，远离现代工业；这里没有喧嚣与车水马龙，更没有雾霾带给我们的种种困扰和健康危害。相信没有人能拒绝向我们散发的诱惑之情，当暖暖的霞光在草原的上方慢慢地掠过，美丽的夜色呈现在我们面前，悠扬的马头琴声回荡在这静谧的草原夜空，我们不禁会哼上一句，“美丽的草原我的家”。

爬爬山，洗洗肺

有这么一处地方，风景优美，空气清新，是“洗肺”的好去处，那里就是山区。山区有三个特点，凉、绿、新鲜，能提供更多的氧气和清凉。所以，如果雾霾持续不散，不妨为自己的肺放个假，去爬爬山，顺便呼吸一下久违的新鲜空气。

我们总在说雾霾改变了我们的生活，本来习以为常的阳光、蓝天、白云似乎都成了一种奢望。当我们站在高楼上远眺，有一种与世隔绝、腾云驾雾的感觉，雾霾如云一般被踩在脚下。那么，我们为什么不去爬爬山，好好呼吸一下新鲜空气呢？

爬山——最有益于心脏的运动

由于山区海拔高，又有植被覆盖，能吸收、阻滞颗粒物质。山间的小溪水潭既令人心旷神怡又能稀释和净化有害物质，所以爬山也成了我们躲避雾霾的一种选择。其实爬山有很多好处，它对人的视力、心肺功能、四肢协调能力、体内多余脂肪的消耗、延缓人体衰老等方面有直接的益处。

由于城市中工业污染及热岛效应等因素，空气中颗粒悬浮物较多，能见度较差。山野之中，尤其是在山巅之上，可以使目光放至无限远，解除眼部肌肉的疲劳。

山中原始森林和草地的面积是远非城市中的绿地花草所能比拟的。因此，在山间行走，对于改善肺通气量、增加肺活量、提高肺的功能很有益处，同时还能增强心脏的收缩能力。我们都知道，跑步对增强心脏是最有效的，然而却忽略了爬山的功效。爬山时，肌肉的收缩不仅要使身体向前移动，而且还要使身体向上抬高，这就给心脏增加了更大的负担，因而使心脏收缩速度加快，力量加大，随着坡度的增加、速度的加快和时间的延长，这种负担会越来越大，这对心脏是一种极好的锻炼，日久天长就会使其产生适应性变化。

人们日常体内的糖代谢属于有氧代谢，登山活动尤其是登高山，由于空气稀薄，人体内的糖代谢大部分转为无氧代谢，加之登山野营活动的运动量较大，山中野餐往往难以满足体内热量需求，因此，它能大量消耗人体内聚集的脂肪组织，尤其是腰腹部的脂肪组织。因为爬山属于有氧运动，能使肌肉获得比平常高出10倍的氮气，从而使血液中的蛋白质增多，免疫细胞数量增加，帮助体内的有害物排出，进而提高我们身体抵抗雾霾的功能。

此外，爬山运动还是最好的“镇静剂”。当你在风景秀丽、空气新鲜的山峦进行登攀时，可以使大脑皮质的兴奋和抑制过程得到改善，因而对神经官能症、情绪抑郁和失眠等都有良好的治疗作用。

爬山好处多，注意事项也不少

爬山虽然好处多多，但有没有注意事项呢？答案是肯定的。

第一，爬山要因人而异。虽然爬山是一项很好的有氧健身活动，但并非人人适宜。在爬山前最好先检查一下身体，患有心脏病、癫痫、眩晕症、高血压、肺气肿、关节病的人或膝踝关节容易受伤的人不宜爬山。

第二，夏天爬山要注意防晒与防暑，尽量涂搽一些防晒霜，以防被紫外线晒伤。

第三，爬山时要注意随时补充水分，最好是饮用含有电解质的运动饮料，既可稀释血液，又可减轻运动时的缺水，减轻疲劳感，尽快恢复体力。

第四，在爬山途中必须保持呼吸节奏，要大口大口地呼吸。再就是爬山时，要均匀地爬，不要一时快一时慢，保持匀速爬山也是保持体力的一种好方法。

第五，爬山时最好准备长袖衣裤，既可以防止山区温差导致的各种不适，还可以防止蚊虫叮咬和植物刮伤。

有了这些准备，我们就可以在山间舒适地享受自然带给我们的奇妙，担心的不再是雾霾，而是这种惬意让你忘记了时间的流逝。